走进化学世界丛书

有机化学世界大观

YOUJI HUAXUE SHIJIE DAGUAN

本书编写组◎编

○创意新颖
○○主题热门
○○○图文并茂

ZOUJIN HUAXUE SHIJIE CONGSHU

世界图书出版公司
广州·北京·上海·西安

图书在版编目（CIP）数据

有机化学世界大观 /《有机化学世界大观》编写组
编著 . —广州：广东世界图书出版公司，2010.1（2024.2重印）
ISBN 978 - 7 - 5100 - 1635 - 6

Ⅰ . ①有… Ⅱ . ①有… Ⅲ . ①有机化学 - 青少年读物
Ⅳ . ①O62 - 49

中国版本图书馆 CIP 数据核字（2010）第 017606 号

书　　名	有机化学世界大观	
	YOUJI HUAXUE SHIJIE DAGUAN	
编　　者	《有机化学世界大观》编写组	
责任编辑	李翠英	
装帧设计	三棵树设计工作组	
出版发行	世界图书出版有限公司　世界图书出版广东有限公司	
地　　址	广州市海珠区新港西路大江冲 25 号	
邮　　编	510300	
电　　话	020-84452179	
网　　址	http://www.gdst.com.cn	
邮　　箱	wpc_gdst@163.com	
经　　销	新华书店	
印　　刷	唐山富达印务有限公司	
开　　本	787mm×1092mm　1/16	
印　　张	10	
字　　数	120 千字	
版　　次	2010 年 1 月第 1 版　2024 年 2 月第 11 次印刷	
国际书号	ISBN　978-7-5100-1635-6	
定　　价	48.00 元	

前 言
PREFACE

有机化学是化学中极为重要的一个分支，又称为碳化合物的化学，是研究有机化合物的结构、性质、制备的学科。在准确界定有机化学的定义之前，含碳化合物被称为有机化合物，这是因为以往的化学家们认为含碳物质一定要由生物（有机体）才能制造，因此，就把含碳化合物称为有机化合物。1828年，德国化学家弗里德里希·维勒在实验室中成功合成尿素（一种有机化合物）。尿素的人工合成，打破了有机化合物一定来自于生物体的学说。在人工合成尿素后，乙酸等有机化合物相继由碳、氢等元素合成，自此以后，有机化学便脱离传统所定义的范围，扩大为含碳物质的化学。

从19世纪初到1858年提出价键概念之前属于有机化学的萌芽时期。在这个时期，人们已经分离出许多有机化合物，制备了一些衍生物，并对它们作了定性描述，认识了一些有机化合物的性质。从1858年价键学说的建立到1916年价键的电子理论的引入这一时期，属于经典有机化学时期。在这个时期，有机化合物在结构测定以及反应和分类方面都取得很大进展。

1927年以后，英国理论物理学家海特勒等人用量子力学处理分子结构问题，建立了价键理论，为化学键提出了一个数学模型。后来美国化学家马利肯用分子轨道理论来处理分子结构，其结果与价键的电子理论所得的大体一致。由于计算简便，解决了许多当时不能回答的问题，从这以后，有机化学进入了现代有机化学时期。在这段时期，许多新理论和研究方法被确立，研究的范围和深度也较之以前有了很大的变化。时至今日，有机化学已经发展成有众多分支的独立学科，有机合成化学、元素有机化学、金属有机化学、物理有机化学、海洋有机化学都在各自的发展方向上不断取得进展和突破，一种全新的有机化学的面貌正呈现在我们面前。

Contents
目　录

有机化学的诞生、发展

YOUJI HUAXUE DE DANSHENG FAZHAN

1806 年瑞典化学家贝采里乌斯首次提出了"有机化学"这一名词。当时有机化学是作为"无机化学"的对立物而提出并命名的。最初的有机化学的研究对象只限于从天然动植物有机体中提取的有机物。随着无机化合物合成有机物的不断出现，有机化学的研究范围逐步扩大，研究手段逐步多样化，基本理论也逐步建立，有机化学的发展得到了极大的促进，经过 200 多年的发展，如今有机化学早已经形成了一个相对独立的学科，并且与各个学科互相渗透，形成了许多分支学科，比如物理有机化学、海洋有机化学、元素有机化学等。

有机化学的诞生和基本理论的建立

有机化学作为人类实践活动可以追溯到史前。200 多年前有机化学发轫于对生命（有机）体化学组成的探索，并因而得名。"有机化学"这一名词是1806 年首次由化学家贝采里乌斯（1779—1848 年）提出。当时"有机化学"是作为"无机化学"的对立物而命名的。由于当时科学条件的限制，有机化学研究的对象只能是从天然动植物有机体中提取的有机物。这就是最初关于

贝采里乌斯

有机化学的定义，即在"生命力论"影响下的有机体的化学，相当于生物化学。很显然，这给了人们一种错觉，似乎有机物都属于"有生机之物"或"有生命之物"，并只有在一种非物质的"生命力"的作用下才能形成，而不能在实验室里用化学方法合成。显然，在当时有机化学学科发展的条件下，这种关于有机化学的"生命力论"说是存在局限性的，束缚了有机化学的发展。

1824 年，德国化学家弗里德里希·维勒从氰经水解制得草酸；1828 年他无意中用加热的方法又使氰酸铵转化为尿素。人工合成尿素的发现，便打破了有机化合物的"生命力"学说。因为氰和氰酸铵都是无机化合物，而草酸和尿素都是有机化合物。此后，乙酸等有机化合物相继由碳、氢等元素合成。贝采里乌斯也由此受到极大启发，他想到自己也曾发现过雷酸银和氰酸银，这是两种组成相同而性质不同的物质，当时误认为是由于实验误差造成的。在维勒之后，贝采里乌斯发现酒石酸和葡萄酸也有类似情况，于是他认为必须提出一个新概念。他说："我建议把相同组成而不同性质的物质称为'同分异构'的物质。"同分异构现象的发现以及从理论上的阐明，是在物质组成和结构理论发展中迈出的重要一步，它开始了分子结构问题的研究，促进了有机化学的发展。

由于合成方法的改进和发展，越来越多的有机化合物不断地在实验室中合成出来。其中，绝大部分是在与生物体内迥然不同的条件下合成出来的。"生命力"学说渐渐被抛弃了，"有机化学"这一名词却沿用至今。

从 19 世纪初到 50 年代是有机化学的萌芽时期。在这个时期，人们已经分离出许多有机化合物，制备了一些衍生物，并对它们作了定性描述，认识了一些有机化合物的性质。

法国化学家拉瓦锡（1743—1794 年）发现，有机化合物燃烧后，产生二氧化碳和水。他的研究工作为有机化合物元素定量分析奠定了基础。1830 年，德国化学家尤斯图斯·冯·李比希（1803—1873 年）发展了碳、氢分析法。1833 年法国化学家杜马建立了氮的分析法。这些有机定量分析法的建立使化学家能够求得一个化合物的实验式。

当时在解决有机化合物分子中各原子是如何排列和结合的问题上，遇到了很大的困难。最初，有机化学用二元说来解决有机化合物的结构问题。二元说认为，一个化合物的分子可分为带正电荷的部分和带负电荷的部分，二者靠静电力结合在一起。早期的化学家根据某些化学反应认为，有机化合物分子由在反应中保持不变的基团和在反应中起变化的基团按异性电荷的静电力结合。但这个学说本身有很大的矛盾。

类型说由法国化学家热拉尔（1816—1856 年）和洛朗建立。此说否认有机化合物是由带正电荷和带负电荷的基团组成，而认为有机化合物是由一些可以发生取代的母体化合物衍生的，因而可以按这些母体化合物来分类。类型说把众多有机化合物按不同类型分类，根据它们的类型不仅可以解释化合物的一些性质，而且能够预言一些新化合物。但类型说未能回答有机化合物的结构问题。这个问题成为困扰人们多年的谜团。

从 1858 年价键学说的建立，到 1916 年价键的电子理论的引入，才解开了这个不解的谜团，这一时期是经典有机化学时期。

1858 年，德国化学家凯库勒（1829—1896 年）和英国化学家库珀（1789—1851 年）等提出价键的概念，并第一次用短划"—"表示"键"。他们认为有机化合物分子是由其组成的原子通过键结合而成的。由于在所有已知的化合物中，一个氢原子只能与一个别的元素的原子结合，氢就选作价的单位。一种元素的价数就是能够与这种元素的一个原子结合的氢原子的个数。凯库勒还提出，在一个分子中，碳原子之间可以互相结合这一重要的概念。

1848 年，法国微生物学家、化学家路易斯·巴斯德（1821—1895 年）分离到 2 种酒石酸结晶，一种半面晶向左，一种半面晶向右。前者能使平面偏振光向左旋转，后者则使之向右旋转，角度相同。在对乳酸的研究中也遇到类似现象。为此，1874 年法国化学家勒贝尔和荷兰化学家范托夫分别提出一个新的概念：同分异构体，圆满地解释了这种异构现象。

范托夫

他们认为：分子是个三维实体，碳的 4 个价键在空间是对称的，分别指向一个正四面体的 4 个顶点，碳原子则位于正四面体的中心。当碳原子与 4 个不同的原子或基团连接时，就产生 1 对异构体，它们互为实物和镜像，或左手和右手的手性关系，这一对化合物互为旋光异构体。勒贝尔和范托夫的学说，是有机化学中立体化学的基础。

1900 年第一个自由基——三苯甲基自由基被发现，这是个长寿命的自由基。不稳定自由基的存在也于 1929 年得到了证实。

在这个时期，有机化合物在结构测定以及反应和分类方面都取得很大进展。但价键只是化学家从实践经验得出的一种概念，价键的本质尚未解决。

在物理学家发现电子并阐明原子结构的基础上，美国物理化学家路易斯等人于 1916 年提出价键的电子理论。他们认为：各原子外层电子的相互作用是使各原子结合在一起的原因。相互作用的外层电子如从一个原子转移到另一个原子，则形成离子键；2 个原子如果共用外层电子，则形成共价键。通过电子的转移或共用，使相互作用的原子的外层电子都获得惰性气体的电子构型。这样，价键的图像表示法中用来表示价键的短划"—"，实际上是 2 个原子共用的 1 对电子。

路易斯

1927 年以后，海特勒和伦敦等用量子力学，处理分子结构问题，建立了价键理论，为化学键提出了一个数学模型。后来马利肯用分子轨道理论处理分子结构，其结果与价键的电子理论所得的结论大体一致。由于计算简便，解决了许多当时不能回答的问题。

19 世纪有机化学形成和完善了结构学说，到了 20 世纪，导致了构象分析理论的建立，从此有机化学的发展进入一个全面增长的阶段。结构学说催生出了很多理论，比如电子理论、机理学说。这些理论极大地指导了有机合成的研究，而有机合成实践又不断地提出新问题来挑战和充实结构理论。这种相互促进产生了今天有机化学的全新面貌。

有 200 多年发展史的有机化学现在依然生机蓬勃，不断迎接新的挑战。

衍生物

母体化合物分子中的原子或原子团被其他原子或原子团取代所形成的化合物，称为该母体化合物的衍生物。如：卤代烃、醇、醛、羧酸可看成是烃的衍生物，因为它们是烃的氢原子被取代为卤素、羟基、氧等的产物。又如：酰卤、酸酐、酯是羧酸衍生物，因为它们是羧酸中的羟基被卤素和一些有机基团取代的产物。

有机化学的研究对象和研究内容

简单地讲，有机化学的研究对象就是"如何形成碳碳键"。有机化学是碳的化学，因此有机化学的研究内容也可以说就是研究怎么搭建碳原子的大厦。因为对人们有用处的有机分子一般是大而复杂的，而人们能随意支配和轻易获得的原料往往是小而简单的。根据有机化学的概念，我们可以得知，有机化学的研究内容包括有机化合物的来源、制备、结构、性质、应用及其有关理论。

有机化合物和无机化合物之间没有绝对的分界。有机化学之所以成为化学中的一个独立学科，是因为有机化合物的确存在其内在的联系和特性。

位于周期表当中的碳元素，一般是通过与别的元素的原子共用外层电子而达到稳定的电子构型的（即形成共价键）。这种共价键的结合方式决定了有机化合物的特性。大多数有机化合物由碳、氢、氮、氧几种元素构成，少数还含有卤素和硫、磷等元素。因而大多数有机化合物具有熔点较低、可以燃烧、易溶于有机溶剂等性质，这与无机化合物的性质有很大不同。

在含多个碳原子的有机化合物分子中，碳原子互相结合，形成分子的骨架，别的元素的原子就连接在该骨架上。在元素周期表中，没有一种别的元素能像碳那样以多种方式彼此牢固地结合。由碳原子形成的分子骨架有多种形式，有直链、支链、环状等。

在有机化学发展的不同历史阶段，其研究内容也是有所不同的。下面我们将简括之。

在有机化学发展的初期，有机化学工业的主要原料是动植物体，有机化学主要研究从动植物体中分离有机化合物。

19 世纪中到 20 世纪初，有机化学工业逐渐变为以煤焦油为主要原料。合成染料的发现，使染料、制药工业蓬勃发展，推动了对芳香族化合物和杂环

煤焦油

化合物的研究。20世纪30年代以后，以乙炔为原料的有机合成兴起。40年代前后，有机化学工业的原料又逐渐转变为以石油和天然气为主，发展了合成橡胶、合成塑料与合成纤维工业。由于石油资源将日趋枯竭，以煤为原料的有机化学工业必将重新发展。当然，天然的动植物和微生物体仍是重要的研究对象。

天然有机化学主要研究天然有机化合物的组成、合成、结构和性能。20世纪初至30年代，先后确定了单糖、氨基酸、核苷酸牛胆酸、胆固醇和某些萜类的结构，肽和蛋白质的组成；三四十年代，确定了一些维生素、甾族激素、多聚糖的结构，完成了一些甾族激素和维生素的结构与合成的研究；四五十年代前后，发现青霉素等一些抗生素，完成了结

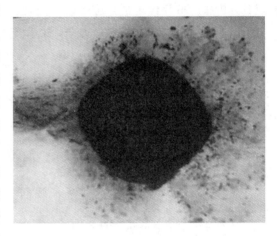

乙炔炭黑粉状

构测定与合成；50年代完成了某些甾族化合物和吗啡等生物碱的全合成，催产素等生物活性小肽的合成，确定了胰岛素的化学结构，发现了蛋白质的螺旋结构、DNA的双螺旋结构；60年代完成了胰岛素的全合成和低聚核苷酸的合成；70年代至80年代初，进行了前列腺素、维生素 B_{12}、昆虫信息素激素的全合成，确定了核酸和美登木素的结构并完成了它们的全合成等。

有机合成方面，主要研究从较简单的化合物或元素经化学反应合成有机化合物。19世纪30年代合成了尿素；40年代合成了乙酸，随后陆续合成了葡萄糖酸、柠檬酸、琥珀酸、苹果酸等一系列有机酸；19世纪后半叶合成了多种染料；20世纪初，合成了606药剂；三四十年代，合成了1000多种磺胺类化合物，其中有些可用作药物；20世纪40年代合成了DDT和有机磷杀虫剂、有机硫杀菌剂、除草剂等农药。

物理有机化学是定量地研究有机化合物结构、反应性和反应机理的学科。

它是在价键的电子学说的基础上，引用了现代物理学、物理化学的新进展和量子力学理论而发展起来的。20 世纪二三十年代，通过反应机理的研究，建立了有机化学的新体系；50 年代的构象分析和哈米特方程开始半定量估算反应性与结构的关系；60 年代出现了分子轨道对称守恒原理和前线轨道理论。

有机分析即有机化合物的定性和定量分析。19 世纪 30 年代建立了碳、氢定量分析法；90 年代建立了氮的定量分析法；有机化合物中各种元素的常量分析法在 19 世纪末基本上已经齐全；20 世纪 20 年代建立了有机微量定量分析法；70 年代出现了自动化分析仪器。

由于科学技术的发展，有机化学与各个学科互相渗透，形成了许多边缘学科，比如生物有机化学、物理有机化学、量子有机化学、海洋有机化学等。

有机溶剂

溶剂按化学组成分为有机溶剂和无机溶剂。有机溶剂是一类由有机物为介质的溶剂，无机溶剂就是一类由无机物为介质的溶剂。有机溶剂常温下呈液态，具有较大的挥发性。在溶解过程中，性质不发生改变。有机溶剂种类很多，如链烷烃、烯烃、醇、醛、胺、酯、醚、酮、芳香烃、氢化烃、萜烯烃、卤代烃、杂环化物、含氮化合物及含硫化合物等，多数对人体有一定毒性。

有机化学研究手段的发展

有机化学的研究方法就是根据研究需要，利用结构和机理来设计预测一个变化，通过实验和分析检测来验证结果，并对设计进行反馈修正。

有机化学研究手段的发展经历了从手工操作到自动化、计算机化，从常量到超微量的过程。

20 世纪 40 年代前，用传统的蒸馏、结晶、升华等方法来纯化产品，用化学降解和衍生物制备的方法测定结构。后来，各种色谱法、电泳技术的应用，特别是高压液相色谱的应用改变了分离技术的面貌。

Martin 和 Synge 在 1941 年就提出高效液相色谱的设想，然而直到 60 年代后期，由于各种技术的发展，高效液相色谱才付诸实现。这种色谱技术曾被称为高速液相色谱、高压液相色谱，目前使用最多的名称是高效液相色谱。高效液相色谱已经广泛地应用，成为一项不可缺少的技术。各种光谱、能谱技术的使用，使有机化学家能够研究分子内部的运动，使结构测定手段发生了革命性的变化。

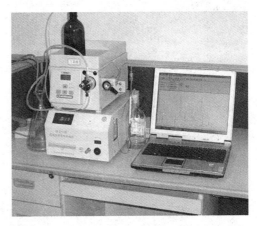

中高压液相色谱色谱分离层析系统

电子计算机的引入，使有机化合物的分离、分析方法向自动化、超微量化方向又前进了一大步。带傅里叶变换技术的核磁共振谱和红外光谱又为反应动力学、反应机理的研究提供了新的手段。这些仪器和 X 射线结构分析、电子衍射光谱分析，已能测定微克级样品的化学结构。用电子计算机设计合成路线的研究也已取得某些进展。有机化学研究最重要的研究工具就是核磁共振。现代有机化学研究脱离了核磁共振简直难以想象。核磁共振就是有机化学的眼睛。核磁共振的出现也给有机化学研究带来了一场革命：反应研究第一次可以在克以下进行。核磁和质谱结合的话，基本上元素分析就显得多余了，于是一些传统的分析手段也被迫退出历史舞台。

未来有机化学的发展首先是研究能源和资源的开发利用问题。迄今我们使用的大部分能源和资源，如煤、天然气、石油、动植物和微生物，都是太阳能的化学贮存形式。今后一些学科的重要课题是更直接、更有效地利用太阳能。

对光合作用做更深入的研究和有效的利用，是植物生理学、生物化学和有机化学的共同课题。有机化学可以用光化学反应生成高能有机化合物，加

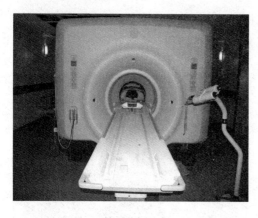

核磁共振设备

以贮存；必要时则利用其逆反应，释放出能量。另一个开发资源的目标是在有机金属化合物的作用下固定二氧化碳，以产生无穷尽的有机化合物。这几方面的研究均已取得一些初步结果。

其次是研究和开发新型有机催化剂，使它们能够模拟酶的高速、高效和温和的反应方式。这方面的研究已经开始，今后会有更大的发展。

20世纪60年代末，开始了有机合成的计算机辅助设计研究。今后有机合成路线的设计、有机化合物结构的测定等必将更趋系统化、逻辑化。

 知识点

电泳技术

电泳是指混悬于溶液中的样品（有机的或无机的，有生命的或无生命的）电荷颗粒，在电场影响下向着与自身带相反电荷的电极移动的现象。利用电泳现象的电泳技术是一种先进的检测手段，与其他先进技术相配合，可以创造出惊人的成果，使人们用较少代价获得较大效益。电泳技术广泛应用在理论研究、农业科学、医药卫生、工业生产、食品检测、环保等许多领域。

▌▌▌有机化学的分支学科

有机合成化学

从1853年贝特罗首次用甘油和脂肪酸合成了天然脂肪（硬脂）的类似物

开始，到现在有机合成化学的历史已经有 150 多年，其发展在当代达到了空前的水平。每约 20 年，就有新的进展把这一领域推到一个新的水平。在 1940 年左右，有机化学的合成活动大多还是按照 20 世纪初流行方式进行，其主要差别只是研究者的人数大大增加了，合成方法的样式多了，仪器设备得到了改进。解决合成问题主要是以经验为依据，并且目标十分有限，想要进行大步骤合成的人极为罕见。由于需要熟悉大量的特殊化合物和特殊反应，有机化学家们倾向于从事糖化学、生物碱、染料、萜烯、蛋白质、脂肪、甾族化合物或某一类似领域的研究，而极少对整个化学领域感兴趣。

自 1940 年以后，理论原则开始被用来规划合成问题，仪器被用来控制反应历程中的各步反应，这已使合成有机化学的状况发生了巨大变化。有关天然产物的化学在推动这一变化方面起了极为重要的作用。生物化学家们对维生素和酶发生了兴趣，药物工业对抗生素、激素和萝芙藤生物碱等一些天然物质发生了兴趣，这些都刺激了对具有多个反应中心的复杂分子的合成的研究。

有机合成化学的发展，经历了以下几个时期：

早　期

像武兹反应、威廉逊反应、帕金反应、罗森反应、霍夫曼反应、斯克劳普反应、弗瑞兰德反应、雅各布森反应、诺尔反应、米切尔反应那样，一些完全确立的"人名"反应继续被广泛地使用着的同时，人们不断提出扩大它们的应用的改进方法。由于新反应的发现使得过去的目的更易于达到，使得新的合成能着手进行，格林亚试剂是 1899 年被提出的，但直到 20 世纪它才得到了充分重视。格林亚本人将这个反应扩大到各种化合物的制备方面，而无机化学家们也利用了这个反应。

因为格林亚试剂易与含有可取代的氢或活泼氢的物质反应，比如水、醇、氨、HCl，所以它在分析上被用来测定这种可取代的氢。这一应用是首先由圣彼得堡的 L. 丘加也夫（1872—1922 年）提出的，后来他的学生采列维季诺夫进一步发展了它。

20 世纪初采用的其他反应有布沃尔特的醛合成、布沙尔的酸变胺的反应、乌尔曼的用铜将芳香卤化物转变成烃的反应以及乌尔曼的将简单环连接成更复杂的稠合环的缩合反应。所有这些反应都可用于芳香族化合物，而这些反应反映了人们在 20 世纪头十年里对染料化学的密切注意。同一时期出现的布沃尔特—勃兰克还原提供了一种将酸转变成相应的醇的方法。这一还原反应是钠和乙醇在该酸的酯存在下发生的还原反应。克莱门生反应则通过使用在酸中的锌汞齐将羰基转变成亚甲基。达金反应使用了碱液中的过氧化氢，从而将芳香醛转变成了酚。

第一次世界大战期间，除了罗森蒙德还原反应外，合成化学领域没有出现什么新活动。在这一还原反应中，酰基是通过将氢引入一个含钯催化剂的溶液里而转变成醛基的。将有机酸链长缩短一个单位的巴比埃—维兰德降解反应是 1913 年由巴比埃提出，并在 1926 年由维兰德加以改进。另一个意义重大的反应是 1928 年，由 O. 迪尔斯（1876—1934 年）和 K. 奥尔德（1902—1958 年）在基尔发现的。他们观察到，丁烯与马来酸酐剧烈反应，可以定量地得到一种六元环化合物顺 – △4 – 四氢化酞酸酐。

在较早的时候，梅尔魏因是梅尔魏因—庞道尔夫—维利还原反应的独立发现者之一，该反应是在烷醇铝存在条件下将羰基化合物还原成醇的反应。这种氧化反应最适合将仲醇转变成酮，尽管它多少也被用在伯醇的氧化上。

催化加氢对合成工作及对解释理论问题都是一门有用的技术。20 世纪初，萨巴蒂埃和森德伦斯最早发展了它，不久它就被工业生产上所采用。直到第一次世界大战结束前，需要提供适当高压的要求推迟了氢化技术在有机研究中的广泛应用。到 20 世纪 30 年代，它才被应用于许多重要工作。

氢化反应所用的适宜催化剂的发展也很缓慢。帕尔在 20 世纪初提出了一种制备铂催化剂的方法。其他细粹金属，特别是镍，也被利用上了。不过制备催化剂的方法却没有标准化，故而其结果使人失望。1927 年 M. 拉尼获得专利的一种镍 – 铝合金被广泛用来制备镍催化剂，其中铝是用氢氧化钠将其溶解后分离出去的。伊利诺斯的亚当斯及其同事将金属氧化物还原，以用作催化剂。威斯康星的 H. 阿德金斯（1892—1949 年）及其同事最先将亚铬酸铜研制成一种有效的催化剂。

中　期

有机合成的现代时期开始于 20 世纪 40 年代。尽管之前的十年已经完成了某些困难的合成，比如，R.R.威廉斯和 J.K.克莱因完成的硫胺合成；P.卡勒尔和 R.库恩各自独立完成的核黄素合成；S.A.哈里斯和 K.福克斯以及库恩独立完成的吡哆醇合成；T.赖希斯坦和库恩各自独立完成的抗坏血酸合成；三个实验室——卡勒尔实验室、A.托德实验室和 L.I.史密斯实验室完成的α-生育酚合成；E.A.多伊西实验室和 L.菲塞尔实验室完成的止血维生素 K 合成；W.巴赫曼、J.W.科尔和 A.L.维尔兹完成的马萘雌酮合成；福克斯及库恩和 H.维兰德完成的泛酸合成，但这些合成与下面的全合成相比，就有些失色了。

这些全合成有 R.B.伍德沃德和 W.E.多林成功进行的奎宁的全合成，L.H.萨雷特的可的松合成，伍德沃德的棒曲霉素和马钱子碱合成，M.盖茨和 D.金斯贝格的吗啡合成，福克斯、A.格雷斯纳尔和苏巴罗夫在默克实验室进行的维生素 H 合成，C.W.沃勒的叶酸合成，伍德沃德和 R.鲁宾逊独立完成的胆固醇和维生素 D_3 合成，H.英霍芬和卡勒尔的β-胡萝卜素合成，O.艾斯勒的维生素 A 合成，F.桑格的胰岛素合成，以及伍德沃德和马丁·斯特雷尔的叶绿素 α 合成。

这些合成的显著特点就是它们能在这些化合物的结构确立后不久就迅速完成。这些合成显示了新的观点在有机化学领域所具有的力量。因为在做实验以前，常常要对各步反应进行理论上的设计。这些合成成就反映了 20 世纪中叶科学的特点——大大依赖于思想观点的交流。狭隘研究专业的时代已经让位于综合研究问题的时代。

一项既在有机研究中，也在工业生产上具有价值的特别重要的合成发展就是对微生物的利用。霉菌和其他生物体被广泛地用来生产抗生素。微生物产生了抗生素，但是关于其中间过程人们却不太了解。然而，微生物已被用于进行一系列合成操作中的某一步反应。它们特别适合于这种应用，因为它们可以进行立体有择反应，若以纯化学合成来反应，则会产生异构体的混合物。维生素 C、1-麻黄碱、吡哆醛、吡哆胺、某些蒽醌和某些青霉素已可用适当的微生物来合成了，这种方法在甾族化合物领域中也已被采用了。

近 期

具有高水平的有机合成研究小组的数目，和他们所取得的重大发现成果，以及该领域对年轻有为科学家的吸引力，远远超过了 20 世纪 60 年代。化学合成方法学包括一些新的合成过程、重大合成战略和有较高选择性的试剂、催化剂。亲和层析和多功能液相色谱等对有机物质分离和纯化方法的改进，这将大大加速有机合成研究，从而可能解决许多更复杂的问题。

物理仪器（X 线晶体衍射、核磁共振、质谱）和计算机等在精确测定结构中的应用，大大加快了新的人工合成的生物活性分子的发现和鉴定，促进了我们对生物活性分子功能的认识。这表明计算机已成为有机合成化学家的重要工具。计算机将不仅仅用于计算，还将用于多种问题的解决和相互教授。用计算机辅助模型对合成进行分析，将成为化学的常规工具。

复杂分子的全合成

复杂有机分子，包括天然界获得的或结构化学家所设想的分子，它们的合成工作一直是有机化学界中最受关注的研究领域。20 世纪七八十年代中两个实验室共 100 位有机合成化学家在 Woodward 和 Albert Eschenmoser 领导下完成的维生素 B_{12} 的合成和 Paquette 小组从事的、在结构上颇含趣味性的五角十二面烷的合成是这方面最有名的代表。

海 葵

1989 年 Harvard 大学的 Kishi 教授经 8 年努力，由 24 位研究生和博士后完成了海葵毒素（Palytoxin）的全合成。Palytoxin 是由海洋生物中分离出的一种剧毒，有 64 个手性中心和 7 个骨架内双键的分子，可能存在的异构体数目为 2^{71}，相近于 Avogadro 常数，这一艰巨复杂的立体专一合成任务是何等的艰难。其成功标志着有机合成达到了一个空前高度，显示了有机合成界当今所具有的非凡的能力。虽然由于有机合成的热点部分地让位于方法学和分子功能与活性的研究，这项工作在有机化学界未曾引起特殊的轰动，但仍然被誉为有机合成中的珠穆朗玛峰。

天然存在的聚醚抗生素大约有 50 种，其中由链霉菌产生的莫恩菌素是人们最为之熟悉的。目前，莫恩菌素、拉沙里菌素和盐霉素 3 种聚醚抗生素在家禽工业中被用于控制感染性寄生虫病（球孢子菌病）。在美国，莫恩菌素的销售量每年可达 5000 万美元左右。化学家在合成莫恩菌素时遇到了极大的挑战。组成莫恩菌素的主骨架的 26 个碳原子上有 17 个手性中心。那就是说，这种抗生素可能有 2^{17}，即 131072 个不同的立体异构体。因此，要合成莫恩菌素，它对立体选择性的要求是非常高的。在 131072 个不同的立体异构物中，莫恩菌素是惟一有效的合成莫恩菌素及其类似物的产物（拉沙里菌素、盐霉素及甲基盐霉素），其成功是一次革命性的突破。

进而，化学家们又成功地合成了另一类抗生素——安莎霉素类，而发展最突出的是关于珊瑚虫的化学。珊瑚虫毒素是从海洋软体珊瑚中一种叫做 Polythoa 属中分离出来的，是已知的最毒药物之一。静脉注射 0.025 微克，能导致家兔死亡（LD_{50}）。日本和美国夏威夷的有机化学家们的开创性研究，提出了珊瑚虫毒素特有的结构复杂性和分子大小的设想。当合成化学家们把他们的见解化为珊瑚虫毒素的全合成时，便揭开了有机化学史崭新的一页。

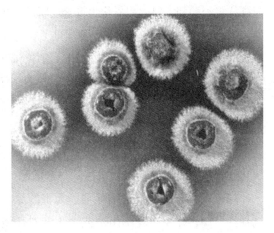

链霉菌

有机合成方法学的进展

为了迎接这些合成难题的挑战，科学家需要对有机合成的方法和原理进行创造性的改进。三四十年前，合成科学的战略，只是在一系列已知的反应中，作出最佳的选择。目前有了机械推理法的发展，就可能为某些特定的合成目标去发明一些新的适宜的反应。可见推理的运用取得了一定的成功。然而对有机合成理论和方法学作出重大贡献的是美国哈佛大学的有机化学家伊利亚斯·詹姆士·科里（1928—），他于1967年提出了"逆合成分析法"。为了表彰他在有机合成的理论和方法学方面的贡献，瑞典皇家科学院授予他1990年诺贝尔化学奖。科里进行了众多有机合成，在合成各种萜烯上尤其成功，如长叶烯（1961—1964年）、白三烯 A_4（1979—1980年）。

萜烯是一种在天然植物油中发现的烃类，是几种生物活性物质的重要前体。1968年，科里和他的同事宣布他们已合成了5种前列腺激素。在此之前，提供前列腺素的非常有限的来源是冰岛羊的睾丸。其实，在此之前，许多有机合成化学家的结论，也必定是符合科里的"逆合成分析原理"的，但他们没有像科里那样将经验和资料的积累化为符合逻辑的推理方法，供人学习、传授、推广。所以说，科里的贡献是伟大的，他促进了有机合成化学的快速发展。

化学品的大量生产和广泛应用，给原本和谐的生态环境带来了严重的污染：黑臭的污水、讨厌的烟尘、难以处置的废弃物和各种各样的有毒物威胁着人们的健康，伤害了我们赖以生存的地球。20世纪90年代初，化学家提出了与传统的"治理污染"不同的"绿色化学"的概念，即如何从源头上减少甚至消除污染的产生，从而达到保护和改善环境的目的。因此，绿色有机合成化学也成了近年来比较受关注的一个话题。

绿色有机合成是指采用无毒、无害的原料、催化剂和溶剂，选择具有高选择性、高转化率，且不生产或少生产对环境有害的副产品的合成，其目的是通过新的合成方法，开发制备单位产品产污系数最低，资源和能源消耗最少的先进合成方法和技术，从根本上消除或减少环境污染。

目前，绿色合成的研究方向大致有：清洁合成、提高反应的原子利用率、取代化学计量反应试剂（如在催化氧化过程中只以空气中的氧气作为氧源）、寻找新的溶剂、反应介质和危险性试剂替代品（如使用固态酸以取代传统的腐蚀性酸）、进行充分的反应过程、研发新型的分离技术、改变反应原料、寻找新的安全化学品和材料、减少和最小化反应废弃物的产生等。

绿色合成作为新的科学前沿已逐步形成，但真正发展还需要从观念上、理论上、合成技术上

绿色世界

等，对传统的、常规的有机合成进行不断的改革和创新。

元素有机化学

元素有机化学是研究元素有机化合物的制备、性质、结构及应用的一门学科，是一门正在迅速发展的前沿学科。一般把含有碳 C、氢 H、氧 O、氮 N、硫 S、氯 Cl、溴 Br、碘 I 以外元素（称为异元素）的有机化合物称为元素有机化合物。其中，把含有在异元素与元素碳之间有直接键连的有机化合物称为狭义的元素有机化合物，把一些只含有间接连于碳上的异元素的有机化合物称为广义的元素有机化合物。金属有机化合物是元素有机化合物的一大类别，是元素有机化学的重要组成部分。

元素有机化学，其名称来自于俄文。元素有机化合物的俄文名称是 элементоорганическоесоединение。它们的英文直译应是 elementoorganic chemistry 和 elementoorganic compound。但是在英文书刊中，只是偶尔出现 elemental organic compound 等类似词名，较常见的是 organometallic chemistry，organometallics 和 organometallic compound。这些英文词语就字面而论，应指有机金属化学或有机金属化合物（我国化学工作者习惯上称为金属有机化学或金属有机化合物）。可是，在许多期刊、丛书乃至 7000 多页的巨著"Comprehensive Organometallic Chemistry"中，这些词目所包含的内容不仅有金属元素的有机化合物，还包括了准金属元素的有机化合物，但无论如何也难以包容氟、磷、

硫等典型非金属元素的有机化合物。Organometallics 或 organometallic compound 应指金属原子和碳原子相键合生成的有机化合物。

元素有机化合物，首先必须是有机物。我们知道，有机物和无机物在组成上的主要区别是：所有有机物的分子中都含有碳，一般都含有氢，且碳氢之间以共价键相结合。如果有机物分子中有一个 C—H 键上的氢被碳以外的其他元素的原子 E 所取代，即生成含 C—E 键的有机化合物；如果在 C—E 键上插入氧、氮、硫、硒等杂原子 E′就得到分子中含 C—E′—E 键的有机化合物。有人把这种碳氢以外的其他元素的原子以直接或间接方式与碳相键合的有机化合物统称为元素有机化合物。由于 E 常对元素有机化合物的归属与性质起决定性影响，且除第Ⅰ及第Ⅶ族部分元素的有机化合物外，E 原子上一般都连有不止 1 个原子或原子团，所以 E 又称为中心原子。元素有机化学是比普通有机化学更广泛的有机化学。由于元素有机化合物中的中心原子可以是周期表中绝大多数元素的原子，它们可以是金属、准金属、非金属，甚至稀有气体元素的原子，所以，元素有机化学是一个非常广阔的化学领域。

第一个元素有机化合物——氧化二甲基砷早在 1760 年就被发现了，到了 19 世纪下半叶，科学家已合成了有机磷、硅、硼、锌、汞化合物。1900 年格里雅发展了有机镁化合物在有机合成中的应用。1930 年齐格勒简化了有机锂化合物的制备，使有机锂在合成中作为试剂得到了广泛的应用。自 1950 年以后，元素有机化学更得到了迅猛的发展。1961 年推利和鲍森合成了二茂铁。几乎在同时，齐格勒和纳塔以三乙基铝和四氯化钛为催化剂实现了烯烃低压定向聚合；1954 年维梯希发现了磷叶立德并用来进行合成；1956 年布朗发现了硼氢化反应；1964 年沃尔平发现了过渡金属络合物的固氮作用等。在研究元素有机化合物合成的同时，元素有机化合物的结构和应用也得到了发展。如在对三甲基硼与胺所形成配合络合物的研究上，科学家提出了空间张力的概念，对二硼烷结构的研究提出了三中心键的结构，对二茂铁的研究提出了夹心结构，对多核金属络合物的研究提出了金属原子间 6、π，8 键的概念。其他如瞬变分子结构、元素杂环和金属杂环等结构的发现与提出都推动了元素有机化学的发展。

尽管在过去数十年中元素有机化学迅速发展，但迄今也只有周期表中的少数元素的有机化学得到较系统的研究；对大多数元素来说，它们的有机化学尚处于基础性或探索性研究阶段；稀有气体元素有机化合物的研究只在不久前才刚刚起步。因此，元素有机化学中尚有许许多多未被认识的世界，在这个广阔化学领域中，可能存在着许多新奇的结构、新奇的反应及新奇的化学现象，这对化学工作者来说，无疑有极大的吸引力。毫无疑问，元素有机化学必定是未来化学的主要发展方向之一。

元素有机化学的发展历史已经被证明并将继续被证明：元素有机化学对化学新理论的创立、新反应的发现、新催化剂的设计、新药物的合成、新能源的开辟、新材料的制造、生命现象的探索以及环境污染的控制等都具有重要意义。让我们以科学的态度对待科学、脚踏实地，在元素有机化学这块化学园地上辛勤劳作，一定会获得累累硕果，为人类物质文明和精神文明建设作出大的贡献。

在现阶段，对元素有机化学的研究主要集中在以下三个方面。①结构化学方面的研究。霍夫曼提出的极其重要的等瓣类似性规律是有机化学和无机化学的桥梁。这个理论规律不仅在簇化物化学中起作用，也将在元素有机应用于催化与合成中起作用。量子化学对元素有机化学已由静态趋向于动态的研究。IR、NMR、ESR、X 线衍射、EXAFS、ESCA 都在结构测定中起了重要作用。②新反应在有机合成中的应用。这方面的研究现在的趋向是主族元素有机和过渡元素有机并重，以及主族元素和过渡元素结合起来，以寻求温和的反应条件、高产率，并着重区域选择性、立体选择性和反应的不对称性，而所用的元素有机试剂要求是催化量的，以得到特殊结构的化合物、立体专一的化合物、光学活性的化合物以及具有生理活性的化合物。③在工业上的应用。这方面的研究主要是寻找性能优良的均相催化剂以及合成性能特殊的元素有机材料和工业原料。

元素有机化合物的应用主要表现在下面几个方面。①作为农药：如有机磷杀虫剂等。②作为合成材料：如元素高分子硅树脂、硅橡胶、氟橡胶等。③作为催化剂：如齐格勒催化剂、威尔金森催化剂等。这些催化剂的发现极大地促进了石油工业的发展。④作为工业原料：如四乙基铅作为汽油抗暴剂、有机磷萃取剂、有机锡塑料稳定剂等。⑤作为有机合成试剂：如格氏试剂、有机锂试剂、维梯希试剂、硼氢化试剂等。⑥在医药上作为化学治疗剂：如顺铂用来治疗癌症。

硅橡胶玻纤管

元素有机化学作为一门既古老又年轻的学科，是有机化学和无机化学相结合的产物，并且从一开始就与合成化学、生物化学、结构化学紧密地联系在一起。随着研究工作的深入开展，元素有机化学又与配位化学、分析化学、高分子化学、理论化学、药物化学、材料化学等化学学科相互渗透、相得益彰。元素有机化学还有许多方面需要研究，许多新的化合物有待合成，很多机理有待探讨，是一门极富希望的化学学科。

金属有机化学

人类对化学认识的进步是必然的历史趋势，同时，科学技术的高度分化和高度综合的整体化趋势也促成了当初分化了的学科之间的交叉和渗透。金属有机化学作为化学中无机化学和有机化学两大学科的交叉，从产生到发展直到今天逐渐地现代化，它始终处于化学学科和化工学科的最前线，生机勃勃，硕果累累。

化学主要是研究物质的组成、结构和性质；研究物质在各种不同聚集态下，在分子与原子水平上的变化和反应规律、结构和各种性质之间的相互关系；以及变化和反应过程中的结构变化、能量关系和对各种性质的影响的科学。金属有机化学所研究的对象一般是指其结构中存在金属—碳键的化合物。在目前为止人类发现的110多种化学元素中，金属元素占绝大部分，而碳元素所衍生出的有机物不仅数量庞大，而且增长速度也很快，将这两类以前人们认为互不相干的物质组合起来形成的金属有机化合物，不仅仅是两者简单的加和关系，而应是乘积倍数关系。其中的许多金属有机化合物已经为国民生产和人类进步作出了特殊的贡献。更重要的是，金属有机化学是一门年轻的科学，是一座刚刚开始挖掘的宝藏，发展及应用潜力不可估量。下面就按时间顺序来说明金属有机化学的产生和发展。

金属有机化学的产生与基本成形阶段（1823—1950年）

1827年，丹麦药剂师蔡司在加热$PtCl_2/KCl$的乙醇溶液时无意中得到了一种黄色的沉淀，由于当时的条件所限，他未能表征出这种黄色沉淀物质的结构。现已证明，这个化合物为金属有机化合物。这也成为了无机化学与有机化学的交叉学科金属有机化学的开端。而第一个系统研究金属有机化学的人则首推英国化学家福朗克兰。起初，他把他制得的一些化合物错误地认为是他所想要"捕捉"的自由基，但实际上得到的是金属有机化合物。难能可贵的是，当他后来发现他得非所愿时，不但没有气馁，反而更深入地研究了这种"新奇"的化合物，总结出了金属有机化学的定义。

1899年，法国化学家格利雅在他的老师巴比尔的引导下，在前人研究的基础上发现了镁有机化合物RMgX并将它用于有机合成。这是金属有机化学发展上本阶段中最重要的一页。他所发现的新试剂开创的新的有机合成方法在如今仍被广泛应用。由于他的卓越贡献，1912年，他获得了诺贝尔化学奖，这也是第一个获得诺贝尔奖的金属有机化学家。当格利雅得知自己获奖后，曾写信强烈要求评审委员会让他与他老师巴比尔一起分享此奖，遗憾的是他的提议遭到了拒绝。

1922年美国的米基里发现了四乙基铅及其优良的汽油抗震性。于是1923年工业上便大规模地生产四乙基铅作为汽油抗震剂，这是第一个工业化生产的金属有机化合物，但后来铅严重影响儿童智力发育的发现给这种"优良"的抗震剂判了死刑，现在基本上已经被淘汰。

工业上第一次用金属有机化合物作为催化剂的配位催化过程，是1938年的德国Ruhrchemie化学公司的罗伦发现的氢甲基化反应，以此开创了金属有机化学中的著名的羰基合成及配位催化学科。

金属有机化学的飞速发展阶段（1951年至20世纪90年代初）

1951年鲍森和米勒那并非预期的实验结果，却偶然发现了二茂铁。由此引发的对金属有机化学原有理论上的挑战，揭开了金属有机化学发展的新序幕。这个发现是有里程碑式意义的。凭着威尔金森和伍德沃德的智慧以及费舍尔的辛勤工作，借助当时 X 射线衍射、核磁共振、红外光谱等物理发展而提供的先进的检测技术手段，二茂铁的结构得以被确认为三明治夹心结构。这个美妙而富有创意构型的分子给理论化学中的分子轨道理论的发展提供了研究平台。

同时，金属有机在工业生产的应用好像也不甘示弱。1953—1955 年德国化学家齐格勒和意大利化学家纳塔发现了著名的乙烯、丙烯和其他烯烃聚合的 Ziegler－Natt 催化剂。这又是善于从偶然的事件中看到隐藏在后面的规律并成功应用于工业生产的成功事例。它能使得乙烯在较低压力下得到高密度的聚乙烯。高密度的聚乙烯在硬度、强度、抗环境压力开裂性等性能上都比原有的在高压下聚合得到的低密度聚乙烯好，较适合生产工业制品和生活用品。加上低压法生产相对高压法生产聚乙烯容易得多，因此聚乙烯工业得到了突飞猛进的发展，聚乙烯很快成为产量最大的塑料品种。

在金属有机化学开始蓬勃发展的背景之下，研究工作更需要研究者之间的合作与交流。于是 1963 年的一届金属有机化学国际会议在美国辛辛纳提州召开，并开始出版金属有机化学杂志。

从此，金属有机化学的发展开始全方位欣欣向荣起来。20 世纪 60 年代末期，大量新的、不同类型的金属有机化合物被合成出来。同时物理学的发展为其提供了更为先进的检测手段，所以通过对它们结构的测定发现了许多新的结构类型。其中典型的代表就是 1965 年威尔金森合成了铑－膦配合物及发现了它优良的催化性能。由伍德沃德领导下的 B_{12} 合成的成功宣告人类可以合成任何自然界存在的物质。进入 20 世纪 70 年代后，科学家们逐渐归纳出了一些金属有机化学反应的基元反应，从这些基元反应又发展出一些合成上有应用价值的反应。

到 20 世纪 70 年代末，结合金属有机化合物的催化和选择性这两个性质发展成了催化的不对称合成。Monsanto 公司的诺尔斯合成了治疗帕金森病的特效药 L－Dopa，开创了不对称催化的新纪元。人们利用了金属有机化合物的某些优良特性，放大、组合来为人类造福。自然界存在的许多化合物是有手性的，也就是说它本身与它的镜像不能完全重合，就像人的左右手一样。拿药物分子来说，它的空间构型的某一种形式才对疾病有效，其他的构型没有疗效，或者药效相反，甚至对人体有害。震惊了欧洲的"反应停"事件就是很好的例子。如何得到我们想要的那种构型呢？金属有机化合物有了用武之地。金属有机化合物就像我们人的一只手，当它与药物分子反应时，就像人握手一样，两只右手或两只左手握在一块比一左手和一右手握在一起匹配，于是可以通过设计好的金属有机化合物催化剂来得到我们所需要的药物分子。这一学科经过 20 世纪 80 年代的经验积累，到了 20 世纪 90 年代有了飞速的发展。对其作出了卓越贡献的三位科学家——诺尔斯、沙普勒斯和野依良治也于 2001 年获得了诺贝尔化学奖。

金属有机化学的前沿问题及未来展望

1. 环保。

20 世纪 90 年代末，原子经济性（指原料分子中究竟有百分之几的原子转化成所需要的产物）成了绿色化学的主要内容。同时绿色化学的 12 条准则中的大部分都可以借助金属有机化学达到，比如预防环境污染、使用安全的助剂、提高能源经济性、减少衍生物、新型催化剂的开发等。这需要化学家、环境学者与专家的密切协作。

2. 材料。

金属有机化合物若作为催化剂来合成电子材料、光学材料和具有特种性能的无机材料，将大有作为。同时，金属有机化合物本身作为材料，也是研究的热点，并有广阔的应用前景。这方面需要化学家、物理学家、材料科学家、技术专家的密切合作。

3. 能源。

以人工固氮及人工太阳能为主体的，模拟生物功能来实现的对能源的可持续性利用，是 21 世纪能源方面研究的热点及前沿。实现这一过程的核心问题，是模拟并应用自然界中植物用于固氮和转化太阳能的化学物质酶和叶绿素的工作方式。而大部分的酶和叶绿素是金属有机化合物。金属有机化学在新能源利用方面将责无旁贷地大放异彩。当然化学家还需要与生物学家、工

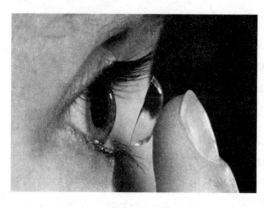

光学材料

程技术专家共同协作。

4. 健康。

生命最宝贵，而维持健康及治疗疾病的药物的研究与开发将是 21 世纪研究的热点。金属有机化合物不仅可以通过其催化性能来实现手性药物的合成，而且过去有机锑对血吸虫病、顺铂对癌症的优良疗效还预示着金属有机化合物本身就是药物的大宝库。这需要免疫学家、放射学家、酶化学家的通力协作。

总之，作为一门交叉学科，金属有机化学自产生之日起，在社会需求的推动，本身问题的解决的拉动下，已成为化学中最活跃的学科之一。在新的检测手段的强力支持下，在市场需求的不断拉动下，在可持续发展的大背景下，金属有机化学将成为新世纪环保、材料、能源及人类健康等方面研究开发的热门学科，其发展应用前景不可限量。

物理有机化学

物理有机化学最初被定义为"用定量的和数学的方法研究有机化学现象的一门学科"。它是由物理化学和有机化学相结合而发展起来的一门边缘学科，用物理化学的方法研究有机物的结构和反应机理。

1899 年，J. 史迪格里兹首次发表了有关碳阳离子中间体的文章。1901 年，诺里斯和 F. 克林曼各自在实验中发现了溶液中稳定存在的三苯甲基阳离子中间体。拜耳指出这些物质具有盐类的性质。1900 年，巩倍格报道了令人信服的对三苯甲基自由基实验结果。1914 年，W. 希伦克和 E. 马库斯报道了三苯甲基自由基能被碱金属还原为三苯甲基阴离子，证明了它在溶液中的导电性，表明了它是一类带阴电荷的中间体。尽管存在这些较早的实验事实，碳阴离子到 1933 年才被正式命名。1912 年，H. Sdaudinger 和库珀用实验证明了偶氮甲烷能产生 CH_2 卡宾中间体。

随后，对基于动力学研究的有机反应机理的描述已经开始出现，并建立了过渡态活化络合物理论。1922 年，H. 麦尔外因首先应用动力学方法研究了 Wagner 重排反应的机理。A. 拉普华斯报道了对酸催化下酮的烯醇化及 HCN 对羰基化合物加成反应机理的研究。到 20 年代末，奠定物理有机化学基础的一些关键概念已基本形成。

　　F. Kehrmann 提出了取代基的电子效应，迈尔提出了位阻效应，布朗斯特提出了线性自由能方程即 Bronsted 关系式。对主要的反应活性中间体碳阳离子、碳阴离子、自由基及卡宾等已经有了系统的认识。对影响结构 – 活性关系的关键因素如立体化学、空间效应、取代基电子效应等有了初步的认识。但由于当时化学键理论的相对滞后，对共振、重排、芳香性及缺电子中间体的稳定性缺少很好的解释。C. 英果尔德和 R. 罗宾逊把物理学中的电子理论引入有机化学，用电子偏移原理很好地解释了有机物的结构和反应性。他们把分子中的取代基对化学性能的影响归结为两种电子效应，即诱导效应和共轭效应。效应的强弱表明了取代基吸电子或斥电子能力的大小。这种理论最初被用来解释芳香环取代反应的活性，后来推广到整个化学领域。Hückel 首先把量子力学理论用于解释有机物的结构和反应性，使认识更加深入到本质。

　　进入 20 世纪 30 年代，物理有机化学的研究得到了较快发展。帕涅特、卡拉施和齐格勒继续发展了自由基化学。科南特和威兰特进一步发展了碳正离子化学，从而加深了人们对离子反应机理的认识。F. Westhimer 等将有机反应机理的一般原理用于分析生物化学过程。费舍尔创建了酶活性理论。W. Carothers、H. Staudinger 和马克开创了高聚物化学，为今天的材料化学奠定了基础。1940 年，路易斯、普拉克、哈米特出版了专著《物理有机化学》，标志着物理有机化学这门学科的诞生。而金属有机化合物的发现则为现代物理有机化学的理论研究提供了更广阔的天地。

　　1952 年，威尔金森和伍德沃德的智慧以及费舍尔的工作使二茂铁的结构得以阐明。这是一个重要的转折点，由此带来了金属有机化学飞速的发展，大量的过渡金属元素有机物被合成出来并得到广泛的应用。杜瓦、查特和 Daincanson 提出了 π – 络合物理论，丰富了物理有机化学的内容。由于 50 年代金属有机化学的突破性发展，使得此后的 20 多年间，许多化学大师像齐格勒、纳塔、G.Wilninson、费舍尔、利浦史通、布朗和魏悌锡等人因此荣获诺贝尔化学奖。

20世纪60年代后，物理有机化学取得了更辉煌的成就。伍德沃德、霍夫曼和福井谦因提出轨道对称守恒原理获1981年诺贝尔化学奖，彼得森、克拉姆和莱恩因提出主-客体化学获取1987年诺贝尔化学奖，Olah因提出在超酸体系中稳定的碳阳离子化学获1994年诺贝尔化学奖，马库斯因提出电子转移理论获1992年诺贝尔化学奖。60年代以前，关于有机结构的电子理论，包括诱导效应和共轭效应等，主要是从化学反应性的宏观现象推导出来的，而不是直接立足于物质的微观结构。60年代以后，量子化学特别是分子轨道法被应用于研究有机结构和反应性，从而建立了现代物理有机化学的理论基础。对反应机理的研究，科学家的注意力不再局限于多步反应的最慢步骤。因为决定反应速率的步骤常常不是决定产品和产率的步骤，因此要求对反应过程有更全面的了解。现在人们试图探索多步反应中每一步的中间体和过渡态的微观结构。研究手段由宏观观测向微观观测发展，研究方法由静态向动态发展。具有不同构象的同一种分子在物理化学性质上的差别时常远远超过构型不同的异构体所能表现的差别。近代物理方法应用到对有机分子的拓扑形状及其能量的观测上，使构象分析由20世纪50年代的定性性质进入到60年代后的定量性质。物理有机化学与不断涌现的新兴边缘学科相互渗透，为现代物理有机化学的新发展、新突破创造了前所未有的机遇，赋予了现代物理有机化学新的生命力。

综上所述，物理有机化学在20世纪得到了飞速的发展，但随着与其他学科的交叉渗透，物理有机化学还有许多重要的极具挑战性的课题有待突破，新的研究领域有待开拓，新的概念、新的原理有待认识。随着科技的不断进步，更精密、更复杂、更有效的仪器将会为物理有机化学提供更强大的研究工具；随着社会经济的发展，财力和智力上会有更大的投入，相信物理有机化学在新的世纪里将会有更大的发展。

海洋有机化学

海洋有机化学就是研究海洋中有机物及与之有关的各种问题的科学。它与海洋无机化学比较，乃是一门新的研究学科，在我国尚属空白。在国外，也只在20世纪70年代以来才受到人们的注意。

海底世界引起人们关注的原因主要有以下两个。①人们逐渐发现海洋有机物在生态平衡中起了重要的作用。例如，在许多海域中发现的"赤潮"现象，会对海洋生物特别是对养殖业造成很严重甚至于毁灭性的后果。②由于人类的生命活动以及工农业生产等把许多有机污染物如每年成千上万吨的有机氯农药（像DDT

海底世界

等）带到海洋，使海洋中的有机物组成产生变化。这一切都促使人们不得不密切地注意海洋中有机物的分布、监测与治理等问题。另外，就有利的方面来说，对有机物的研究也会给生产带来许多好处。例如，人们久已利用某些

赤潮

海洋生物体强大的富集某些元素的能力，从中提取许多有用成分。如利用海带富集碘的能力从中提取碘，以补充人们对碘的需要。广泛的渔业、养殖业等的产品给人类与动物扩大了食物来源。另外，从海洋中取得某些特种药物，例如有助治癌的药物更是近年来很有希望的新途径。

海洋有机化学研究的对象不单局限于海洋中生物体的组成、生命活动产物及其组成和人类活动送入这个"纳污池"的有机物质，还有这些有机物质彼此间（也包括它们与无机成分间）产生反应的二级以至多级的产

物。海洋中的有机物质不但种类繁多，而且其含量差距也很大，从微量甚至于超微量又或者大量都有。它们的影响也不小，例如激素。因此，海洋有机化学的研究较为困难，工作量很大。这也是海洋有机化学迟迟才发展的一个原因。只有在近代，随着新技术的不断发展，人们才有足够的工具较深入地研究海洋有机化学问题。

海洋生物

近十几年来，海洋有机化学的发展也和海洋无机化学一样，初期都是从调查工作入手的。其中包括海水和海洋生物体中有机化学成分的调查。海洋中的有机物，有些是溶解型的，有些是不溶解型的；有些是游离型的（例如溶入海水中的某些氨基酸类），有些是结合型的（包括某些络合物或螯合物）；有些是单独存生的，有些是生物体的一部分。目前已着手调查的种类有：烃类、类脂类、氨基酸类及其聚合物（多肽类与蛋白质）、碳水化合物、色素、毒素（包括毒液与毒素）以及维生素、抗生素药效成分等。

烃 类

该类绝大多数是人工制成的产物，例如石油运输中渗漏的，但有的也来自生物体。烃类一般性质稳定，而且富有掩盖力，即使少量也会造成大面积的污染油膜，阻隔了海水与空气，使该海域水系缺氧，生物无法生存。不但烃类及其制品能产生这种恶，其衍生物也同样因为化学性质较为稳定，会引起相似的后果。但另一方面，某些烃类在海洋生物体的生命活动中占有很关键的地位。例如，某些烃类（烯烃类）与藻类有性繁殖即有密切的关系，它们是一些起决定性作用的"有性繁殖的信使分子"。

腐殖质

生物遗体腐败分解以后，其中的有机物经过复杂的化学与生物学的反应派生成高分子量的网状高聚物，它与土壤中的腐殖质类似。这类物质通过离子变换、络合（螯合）、吸附等作用，在海洋中成为悬浮物或沉积物，影响着海底结构和海中生物，特别是与浮游生物的发生和发育有着密切的关系。以海洋生物的代谢产物和

腐殖质景观泉水

排泄物为例，其中有许多种类的胞外酶、保护性黏液等，对海洋生态与海产品的综合利用都有很大的影响。

类脂类

这类有机物以脂肪酸类及其衍生物为主，包括醋类、长链醇类、糖脂类等。这些物质均是疏水性的，还具有表面活性，可在海空界面上集聚。我们也经常观察到海洋中无机物颗粒表面上有这些有机层覆盖着（以脂肪酸为主）。类脂类在海洋生物的生理上有很重要的作用。例如，据了解鲸鱼与海豚之所以有优越的回声功能，是由于它们头部有某种支链型（异戊基）类脂的存在。

氨基酸类及其他含氮有机物

蛋白质是生命的钥匙，而氨基酸类正是蛋白质的组成单元。氨基酸类具有活泼的官能团，并可以和无机离子或其他有机组分产生相互作用。它们不但是海洋生物的重要营养原料，而且是构成动物体许多器官的重要成分。

大堡礁新发现海藻

碳水化合物

海洋植物每天能够通过光合作用按序产生各种类型的碳水化合物。从组成成分来看，海洋植物中往往含有与陆上植物不同的独特类型的多糖类以及水解作用产生的单糖类，如：海藻糖、褐藻胶、琼胶、鹿角菜胶等。这些物质，或是食品的来源，或是工业的原料。海洋的面积广大，且植物繁殖速度快，所以用"以海为田"来作为人类（包括畜类）的主要食物来源是很有希望的。

毒液与毒素

许多海洋生物体中存有毒液，例如龙腾科鱼类、海蛇、芋螺及许多头足纲生物体中都具有毒液。另外，其他海洋生物体中也有多种毒素，如河豚毒素，不但存在于河豚的卵巢中，其他种类生物体中也有不同的存在量。这种毒素不仅已经能从生物体中分离提纯，而且还能成功地进行全合成。石蛤毒素也是如此。奇怪的是，河豚毒素对于温血动物（包括人类）有致命剧毒，但是若其他生物摄食含有这种毒素的饵料却不一定中毒，有些毒素甚至于可以通过食物链在生物体中代代种种累积下去。另

芋螺

一方面，这些毒素和其他一些生物体分泌的种种毒物如拒食剂，都有抗生能

力或显明的药理作用，在医学上有其重要价值，已经陆续被人们用作药物，甚至于发展成为一门边缘学科——海洋药理学或药物学。

色 素

海洋生物体中的色素，几乎遍及整个光谱带。其中主要的有醌类、黑色素、眼色素、类胡萝卜素和四吡咯类等。色素的分布均随生物繁殖与栖息的水区而异。例如，按一般规律，生长在深水的鱼类，其表皮的黑色素就较高。另外，除色素以外，许多海洋生物是有发光特性的。例如，荧光素就广泛地存在于腔肠动物门的十足类、甲壳动物如刺虾、异腕虾类、糠虾，以及一些鱼类、乌贼类等体中，与荧光相类似的某种咪唑和哌嗪化合物也会与好几种氨基酸类（色氨酸、精氨酸或异亮氨酸）环化。

上述几种有机化合物都在海洋圈中广泛存在，但迄今国外文献中报导的研究成果很少，在我国更少。我国有很长的海岸线，海洋生物种类繁多，许多海洋科学领域都未着手研究，海洋有机化学更是一个几乎未开辟的领域，它确是值得注意的一门新科学。过去，我国的海洋研究多偏重于海洋调查，对于海洋有机化学

乌 贼

重视不够，今后在开发海洋的研究中应大力开展这一方面的研究。为此建议：

（1）首先着重从我国现有的资源出发，研究海洋有机资源的综合利用。其中以海藻的综合利用最为迫切。仅以海带养殖量为例，我国的养殖量已达世界第一位，但因用途狭窄，每年国家亏损达亿元，急需改进生产方法，扩大用途。同时还要注意到对其他海藻（如江篱、鹿角菜、巨藻等）的综合利用。

（2）研究海洋药物，可以从几方面着手。首先研究我国医学上已经使用

的各种药物（如海马），其次调查可供使用的海产药物（如珊瑚类）。特别要注意某些对治癌起作用的药物。

（3）研究与生态平衡有密切关系的海洋有机物的分布及其与生产的关系。

（4）积极培养海洋有机化学研究人才。

（5）出版与海洋有机化学有关的学术著作，开展国际交流。

（6）定点进行科学研究工作。

缩合反应

　　缩合反应是指两个或多个有机分子相互作用后以共价键结合成一个大分子，同时失去水或其他比较简单的无机或有机小分子的反应。其中的小分子物质通常是水、氯化氢、甲醇或乙酸等。缩合反应可以是分子间的，也可以是分子内的。缩合反应可以通过取代、加成、消除等反应途径来完成。多数缩合反应是在缩合剂的催化作用下进行的，常用的缩合剂是碱、醇钠、无机酸等。

中国有机化学的起步与发展

　　欧洲近代化学始于1808年道尔顿的原子学说。欧洲近代化学传入中国是在19世纪中叶。由于鸦片战争失败，打破了清朝封建帝国的闭关锁国状态，使一些具有进步思想的人们开始考虑向西方学习，他们向国内翻译和介绍了不少的科学技术。首先对西方化学知识做系统介绍的是我国化学家徐寿。他译出了好几本化学书，有《化学鉴原》六卷，介绍无机化学和有机化学；《化学求教》八卷，介绍定量分析。他还在格致书院建立了化学实验室，举办科学讲座，向听讲人做示范性的化学实验。1901年他在试验无烟火药时因火药爆炸而殉职。

　　由于中国的有机化学学科起步较晚，与欧美等科学先进国家科研历史相比，差了一个半世纪，而中间又受到国内外各种因素的干扰，发展显然缓慢，但发展的趋势与世界相一致。当时，专门从事研究工作的科学家不过 20 余人，庄长恭、赵承嘏、黄鸣龙、纪育沣、曾昭抡、杨石先等就是中国第一代有机化学家。

20 世纪 20 年代可看做中国有机化学研究的起点，当时的主要课题是中草药成分，特别是生物碱方面的分离、常量元素分析以及衍生物的制备等。那时国外已开始有机微量分析，植物化学相当成熟，包括中草药成分生物碱结构的研究方面，欧美、日本已有不少重要成果的报道。中国有机微量分析到 30 年代后期才开始建立。

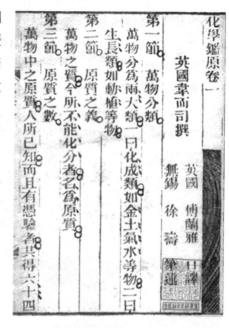

化学鉴原

在有机合成方面，维生素 A、维生素 B、维生素 C、维生素 D、维生素 E 的合成以及甾族激素类化合物的半合成和全合成，国外在 30 年代中期已完成，并且各国有关实验室之间竞争相当激烈，而中国是 30 年代末才着手工作，稍有一些成果。

在欧美国家，应用光谱分析、X 射线衍射分析方法测定有机化合物结构的工作开始于 20 世纪 30 年代初期，在中国应用紫外光谱、荧光分析则是在抗日战争胜利以后，红外光谱在 50 年代后期，核磁共振谱在 60 年代中期，质谱分析在 70 年代初期。

标记同位素最初应用到有机化学研究，国外是在 20 世纪 30 年代末至 40 年代初，而中国是在 50 年代末至 60 年代初。

元素有机化学在国外早已报道，至 20 世纪 50 年代出现了迅速的发展，零价过渡金属的 Ⅱ 键配合物化学也获得迅速发展。齐格勒试剂类的有机催化剂出现后，立即获得应用、推广和发展。在第二次世界大战期间和战后，有机氟和有机硼的研究发展甚为迅速，有机氟材料已用于军用和民用工业。中国金属有机化学开始于 30 年代的有机砷药物合成，有机汞开始于 40 年代农药合成。

从 1958 年起，中国在有机氟、有机硼以及有机锡等金属有机化学方面都做出一些成绩。

至于理论有机化学或物理有机化学，国际上始于 20 世纪 20 年代化学反应机理的研究。自从电子学说引入有机化学以后，30 年代有机化学理论已有了新的发展，并开始应用了量子化学理论、新的物理技术和计算机技术，定量地、半定量地进行反应动力学的研究以及中间态的探讨。而中国则在 50 年代中期以后才缓慢地开展，到 80 年代才有迅速的发展。

侯德榜

新中国成立后，我国的化学工业有了很大发展，最引人注目的是 1964 年原子弹的研制成功、1965 年胰岛素的合成、1981 年实现了化学结构与天然物相同的核糖核酸的合成。除了侯德榜外，我国还出现了很多著名化学家，他们对我国化学的发展作出了卓越的贡献。如庄长恭教授，是我国有机化学的先驱，在有机合成方面作出了卓越贡献，在国际有机化学界享有盛誉。曾昭抡教授是我国化学界最早提倡高校应搞科研的人，他和胡美教授合成的对 – 亚硝基酚载入了《有机化学辞典》。化学家黄子卿对水的三相点测定为热力学研究提供了主要标准数据，被公认为国际上通用的标准数据，从此他被选入美国的《世界名人录》。赵承嘏教授对植物化学，特别是对生物碱的分离结晶有独到之处，他从 30 多种中药中发现了许多生物碱。黄鸣龙教授发明的"黄鸣龙还原法"对有机化合物的合成和结构的测定已被国

际上广泛应用，并写入各国有机化学教材。

生物碱

生物碱是存在于自然界（主要为植物，少数存在于动物）中的一类含氮的碱性有机化合物，有类似碱的性质。生物碱大多数有复杂的环状结构，氮素多包含在环内，有显著的生物活性，是中草药中重要的有效成分之一。生物碱还包含有些不含碱性而来源于植物的含氮有机化合物，这类生物碱有明显的生物活性。生物碱种类很多，约在 2000 种以上，而且随着研究领域的不断扩展和研究手段的更新，不断有新的生物碱被发现。生物碱难溶于水，与酸可以形成盐，大多有苦味，呈无色结晶状，少数为液体，对生物机体有毒性或强烈的生理作用。

有机物概述

YOUJIWU GAISHU

　　有机物就是有机化合物，主要由氧元素、氢元素、碳元素组成。有机物是生命产生的物质基础。脂肪、氨基酸、蛋白质、糖、血红素、叶绿素、酶、激素等都是有机物。生物体内的新陈代谢和生物的遗传现象，都要涉及有机化合物的转变。此外，许多与人类生活有密切关系的物质，例如石油、天然气、棉花、染料、化纤、天然和合成药物等，也都属于有机化合物。相对无机物，有机物数目众多，可达几百万种。由于组成上的类似，有机物有着许多共性的东西，比如，一般都能燃烧，热稳定性比较差，熔点较低，大多不溶于水，易溶于有机溶剂等。

有机物含义的正确界定

　　人类使用有机物的历史很长，世界上几个文明古国很早就掌握了酿酒、造醋和制糖的技术。据记载，中国古代曾制取到一些较纯的有机物质，如没食子酸（982—992 年）、乌头碱（1522 年以前）、甘露醇（1037—1101 年）等；16 世纪后期，西欧制得了乙醚、硝酸乙酯、氯乙烷等。由于这些有机物都是直接或间接来自动植物体，因此，那时人们仅将从动植物体内得到的物

质称为有机物。

1828年，德国化学家维勒首次用无机物氰酸铵合成了有机物——尿素。但这个重要发现并没有立即得到其他化学家的承认，因为氰酸铵尚未能用无机物制备出来。直到柯尔柏在1844年合成了醋酸，柏赛罗在1854年合成了油脂等，有机化学才进入了合成时代，大量的有机物被用人工的方法合成出来。

人工合成有机物的发展，使人们清楚地认识到，在有机物与无机物之间并没有一个明确的界限，但在它们的组成和性质方面确实存在着某些不同之处。从组成上讲，所有的有机物中都含有碳，多数含氢，其次还含有氧、氮、卤素、硫、磷等，因此，化学家们开始将有机物定义为含碳的化合物。

有机物，即有机化合物，是指与机体有关的化合物（少数与机体有关的化合物是无机化合物，如水），通常指含碳元素的化合物，但一些简单的含碳化合物，如一氧化碳、二氧化碳、碳酸盐、金属碳化物、氰化物等除外。

已知的有机化合物近600万种。在有机化学发展的初期，有机化合物系指由动植物有机体内取得的物质。自1828年人工合成尿素后，有机物和无机物之间的界线随之消失，但由于历史和习惯的原因，"有机"这个名词仍沿用。有机化合物对人类具有重要意义，地球上所有的生命形式，主要是由有机物组成的，有机物是生命产生的物质基础，例如脂肪、氨基酸、蛋白质、糖、血红素、叶绿素、酶、激素等。生物体内的新陈代谢和生物的遗传现象，都涉及有机化合物的转变。此外，许多与人类生活有密切关系的物质，例如石油、天然气、棉花、染料、化纤、天然和合成药物等，均属于有机化合物。

营养物质

其中，人体所需的营养物质，诸如水、淀粉、脂肪、蛋白质、维生素、矿物质等中，淀粉、脂肪、蛋白质、维生素为有机物。而进一步讲，淀粉主要存在于大米、面粉等面食中；油脂主要存在于食用油、牛奶等中；维生素主要存在于蔬菜、水果等中；蛋白质主要存在于鱼、肉、牛奶、蛋等中；纤维素主要存在于青菜中，有利于胃的蠕动，防止便秘。其中淀粉、脂肪、蛋白质、纤维素又都是有机高分子有机化合物。

天然橡胶

而其他在有机化学工业当中常常应用的有机化合物有：甲烷（天然气）、乙烯、乙醇（酒精）、乙酸（醋酸）、甲苯等。生命体所需要的油脂、糖类、蛋白质、天然橡胶这些在自然界分布很广泛的物质，都是在生物体内合成的有机化合物，因此称为天然有机物。其中油脂、单糖、双糖、氨基酸等属于小分子的天然有机化合物。而多糖（淀粉、纤维素）、蛋白质则属于天然有机高分子化合物。油脂、淀粉、蛋白质是人们食物中的 3 种重要成分，更是生物、生理与化学联系的重要纽带。它们在生物体内，由简单到复杂，再由复杂到简单（合成→分解→合成）的变化过程，正是生物体的生长、发育等生命现象中的化学过程。学习有关它们的基础知识，对于了解生命现象的本质、从事工农业生产和科学研究都是重要的。

高分子有机化合物的概念

高分子有机化合物是指由一类相对分子质量很高的分子聚集而成的化合物，也称为高分子、大分子等。一般把相对分子质量高于 10000 的分子称为高分子。由于高分子多是由小分子通过聚合反应而制得的，因此也常被称为聚合物或高聚物，用于聚合的小分子则被称为"单体"。

决定有机物性质的官能团

官能团是指决定有机化合物的化学性质的原子或原子团。

官能团在有机化学中具有重要作用，决定着有机物的分类与化学性质，并影响着其他官能团的性质等，我们将其在有机化学中的作用概括为以下 5 个方面。

决定有机物的种类

有机物的分类依据有组成、碳链、官能团和同系物等。

产生官能团的位置异构和种类异构

中学化学中有机物的同分异构种类有碳链异构、官能团位置异构和官能团的种类异构 3 种。对于同类有机物，由于官能团的位置不同而引起的同分异构是官能团的位置异构。

对于同一种原子组成，却形成了不同的官能团，从而形成了不同的有机物类别，这就是官能团的种类异构。如：相同碳原子数的醛和酮，相同碳原子数的羧酸和酯，都是由于形成不同的官能团所造成的有机物种类不同的异构。

决定一类或几类有机物的化学性质

官能团对有机物的性质起着决定作用，—X、—OH、—CHO、—COOH、—NO$_2$、—SO$_3$H、—NH$_2$、RCO—，这些官能团就决定了有机物中的卤代烃、醇或酚、醛、羧酸、硝基化合物或亚硝酸酯、磺酸类有机物、胺类、酰胺类的化学性质。因此，学习有机物的性质实际上是学习官能团的性质，含有什么官能团的有机物就应该具备这种官能团的化学性质，不含有这种官能团的有机物就不具备这种官能团的化学性质，这是学习有机化学特别要认识到的一点。例如，醛类能发生银镜反应，或被新制的氢氧化铜悬浊液所氧化，可以认为这是醛类较特征的反应；但这不是醛类物质所特有的，而是醛基所特有的。因此，凡是含有醛基的物质，如葡萄糖、甲酸及甲酸酯等都能发生银镜反应，或被新制的氢氧化铜悬浊液所氧化。

影响其他基团的性质

有机物分子中的基团之间存在着相互影响，这包括官能团对烃基的影响，烃基对官能团的影响以及含有多官能的物质中官能团之间的相互影响。

（1）醇、苯酚和羧酸的分子里都含有羟基，故皆可与钠作用放出氢气，但由于所连的基团不同，在酸性上存在差异。

（2）醛和酮都有羰基（$>C=O$），但醛中羰基碳原子连接一个氢原子，而酮中羰基碳原子上连接着烃基，故前者具有还原性，后者比较稳定，不为弱氧化剂所氧化。

（3）同一分子内的原子团也相互影响。如苯酚，—OH 使苯环易于取代（致活），苯基使—OH 显示酸性（即电离出 H^+）。果糖中，多羟基影响羰基，可发生银镜反应。

由上可知，我们不但可以由有机物中所含的官能团来决定有机物的化学性质，也可以由物质的化学性质来判断它所含有的官能团。如葡萄糖能发生银镜反应，加氢还原成六元醇，可知具有醛基；能跟酸发生酯化生成葡萄糖五乙酸酯，说明它有 5 个羟基，故为多羟基醛。

有机物的许多性质发生在官能团上

有机化学反应主要发生在官能团上，因此要注意反应发生在什么键上，以便正确地书写化学方程式。

如醛的加氢发生在醛基碳氧键上，氧化发生在醛基的碳氢键上；卤代烃的取代发生在碳卤键上，消去发生在碳卤键和相邻碳原子的碳氢键上；醇的酯化是羟基中的 O—H 键断裂，取代则是 C—O 键断裂；加聚反应是含碳碳双键（$>C=C<$）的化合物的特有反应，聚合时，将双键碳上的基团上下甩，打开双键中的一键后手拉手地连起来。

下面是常见的官能团对应关系：

卤代烃：卤原子（—X），X 代表卤族元素（F，Cl，Br，I）；在碱性条件

下可以水解生成羟基。

醇、酚：羟基（—OH）；伯醇羟基可以消去生成碳碳双键，酚羟基可以和 NaOH 反应生成水，与 Na_2CO_3 反应生成 $NaHCO_3$，二者都可以和金属钠反应生成氢气。

醛：醛基（—CHO）；可以发生银镜反应，可以和斐林试剂反应氧化成羧基，与氢气加成生成羟基。

酮：羰基（>C＝O）；可以与氢气加成生成羟基。

羧酸：羧基（—COOH）；酸性，与 NaOH 反应生成水，与 $NaHCO_3$、Na_2CO_3 反应生成二氧化碳。

硝基化合物：硝基（—NO_2）。

胺：氨基（—NH_2）；弱碱性。

烯烃：双键（>C＝C<）；加成反应（具有面式结构，即双键及其所连接的原子在同一平面内）。

炔烃：三键（—C≡C—）；加成反应（具有线式结构，即三键及其所连接的原子在同一直线上）。

醚：醚键（—O—）；可以由醇羟基脱水形成。

磺酸：磺基（—SO_3H）；酸性，可由浓硫酸取代生成。

腈：氰基（—CN）。

酯：酯基（—COO—）；水解生成羧基与羟基，醇、酚与羧酸反应生成。

酮：羰基（C＝O）；由于氧的强吸电子性，碳原子上易发生亲核加成反应。其他常见化学反应包括：亲核还原反应，羟醛缩合反应。

注：苯环不是官能团，但在芳香烃中，苯基（C_6H_5—）具有官能团的性质。苯基是过去的提法，现在都不认为苯基是官能团。

 知识点

银镜反应

在洁净的试管里加入 1 毫升 2% 的硝酸银溶液，再加入氢氧化钠水溶液，然后一边振荡试管，可以看到白色沉淀。再一边逐滴滴入 2% 的稀氨水，直到

最初产生的沉淀恰好溶解为止，这时得到的溶液叫银氨溶液。乙醛的银镜反应：在银氨溶液里滴入3滴乙醛，振荡后把试管放在热水中温热。不久可以看到，试管内壁上附着一层光亮如镜的金属银。葡萄糖的银镜反应：在银氨溶液里滴入一滴管的葡萄糖溶液，振荡后把试管放在热水中温热。不久可以看到，试管内壁上附着一层光亮如镜的金属银。

有机物的分类标准和科学分类

关于有机物的分类，也有其发展历程。19世纪40年代，在科学地阐明分子概念并较正确地写出分子式和1843年法国化学家C. F. 热拉尔提出同系列概念后，有机化合物的分类工作才开展起来。当时的分类系统是类型说，即把有机物按照无机物系统分为水型、氢型、氯化氢型和氨型（如下图所示）。

水　型	$\left.\begin{matrix}H\\H\end{matrix}\right\}O$	$\left.\begin{matrix}C_2H_5\\H\end{matrix}\right\}O$	酒精
氢　型	$\begin{matrix}H\\H\end{matrix}$	$\left.\begin{matrix}C_2H_5\\H\end{matrix}\right\}$	氢化乙基(乙烷)
氯化氢型	$\left.\begin{matrix}H\\Cl\end{matrix}\right\}$	$\left.\begin{matrix}C_2H_5\\Cl\end{matrix}\right\}$	氯化乙基(氯乙烷)
氨　型	$\left.\begin{matrix}H\\H\\H\end{matrix}\right\}N$	$\left.\begin{matrix}C_2H_5\\H\\H\end{matrix}\right\}N$	乙胺

类型说

类型说不能很好地包括多官能团有机化合物，即多官能团有机物可以同时属于两个或多个类型，造成了类型的不确定性。随着有机化合物的增多，类型说的弱点就越来越明显了。直到19世纪60年代，在建立有机化合物价键和结构理论后，才形成了合理的、系统的分类方法。有机化合物可按碳原

子组成的骨架结构分类，也可按官能团分类。

根据碳原子结合而成的基本结构不同，有机化合物被分为 3 大类

链状化合物（又称无环化合物）

这类化合物分子中的碳原子相互连接成链状，因其最初是在脂肪中发现的，所以又叫脂肪族化合物。

碳环化合物

这类化合物分子中含有由碳原子组成的环状结构，故称碳环化合物。它又可分为 2 类：①脂环族化合物：是一类性质和脂肪族化合物相似的碳环化合物。②芳香族化合物：是分子中含有苯环或稠苯体系的化合物。

杂环化合物

由碳原子和其他原子如氧、硫、氮等所组成的环状化合物，叫做杂环化合物。

按官能团分类

决定某一类化合物一般性质的主要原子或原子团称为官能团或功能基。含有相同官能团的化合物，其化学性质基本上是相同的。

如若详细认识有机化合物的分类，我们得先了解一下同系列和同系物的概念。

结构相似，分子组成上相差 1 个或若干个"CH_2"原子团的一系列化合物称为同系列。同系列中的各个成员间互称为同系物，其通式是相同的。如烷烃系列中的甲烷、乙烷、丙烷、正丁烷等互称为同系物。由于结构相似，同系物的化学性质相似；它们的物理性质，常随分子量的增大而有规律性地变化。

下面是按照有机化学中不同的官能团而划分的不同种类的有机化合物。

烃

烃是指由碳和氢两种元素构成的一类有机化合物，亦称"碳氢化合物"。种类很多，按结构和性质可以分为开链烃、脂肪烃、饱和烃、烷烃、不饱和烃、烯烃、二烯烃、炔烃、闭键烃、环烷烃、芳香烃和稠环芳香烃等种。

卤代烃

分子中 1 个或多个氢原子被卤素原子取代而形成的化合物称为卤代烃。

醇

烃分子中的 1 个或几个氢原子被羟基取代后的产物称为醇（苯环上的氢原子被羟基取代后的生成物属于酚类）。

酚

芳香烃分子中苯环上的氢原子被羟基取代而成的化合物称作酚类。

醚

2 个烃基通过 1 个氧原子连接而成的化合物称作醚。

醛

醛是醛基（—CHO）和烃基（或氢原子）连接而成的化合物。重要的醛有甲醛、乙醛等。

羧 酸

烃基或氢原子与羧基连接而形成的化合物称为羧酸。羧酸还可以分为脂肪酸、脂环酸和芳香酸等。脂肪酸中，饱和的如硬脂酸 $C_{17}H_{35}COOH$ 等。

羧酸衍生物

羧酸分子中羧基里的羟基被其他原子或原子团取代而形成的化合物叫羧

酸衍生物，如酰卤、酰胺、酸酐等。

酯

羧酸的一类衍生物，酸（羧酸或无机含氧酸）与醇起反应生成的一类有机化合物叫做酯。

硝基化合物

它是烃分子中的氢原子被硝基—NO_2取代而形成的化合物。

胺

胺系氨分子中的氢原子被烃基取代后而形成的有机化合物。

有些胺是维持生命活动所必需的。但也有些对生命十分有害，不少胺类化合物有致癌作用，尤其是芳香胺，如萘胺、联苯胺等。

腈

腈系烃基与氰基（—CN）相连而成的化合物。

重氮化合物

重氮化合物大多是一类由烷基与重氮基相连接而生成的有机化合物，一般指脂肪族重氮化合物，大多具爆炸性。

偶氮化合物

偶氮基（—N＝N—）与 2 个烃基相连接而生成的化合物。偶氮化合物都有颜色，部分可用作染料。

磺　酸

磺酸系烃分子中的氢原子被磺酸基—SO_3H取代而形成的化合物。磺酸是强酸，易溶于水，芳香族磺酸是合成染料、合成药物的重要中间体。

氨基酸

氨基酸系羧酸分子中烃基上的氢原子被氨基取代而形成的化合物。在人体所需要的氨基酸中，由食物中的蛋白质供给的，如赖氨酸、色氨酸、苯丙氨酸、苏氨酸等称为"必需氨基酸"；像甘氨酸、丝氨酸、丙氨酸、谷氨酸等可以从其他有机物在人体中转化而得到，故称为"非必需氨基酸"。

肽

肽系一分子氨基酸中的氨基与另一分子氨基酸中的羧基缩合失去水分子后而形成的化合物，是介于大分子蛋白质和氨基酸之间的一段最具活性、最易吸收、生理功能效价高的一种崭新营养。由 2 个氨基酸以肽键相连的化合物称为"二肽"；由多个氨基酸组成的肽则称为多肽，组成多肽的氨基酸单元称为"氨基酸残基"。肽键将氨基酸与氨基酸头尾相连。多肽大体上分为多肽类药物和多肽类保健品。传统的多肽类药物主要是多肽类激素，近年来对多肽类药物的开发已经发展到疾病防治的各个领域。

蛋白质

蛋白质亦称朊。蛋白质是生物体的一种主要组成物质，是生命活动的基础。蛋白质按分子形状可分为纤维状蛋白和球状蛋白。纤维蛋白如丝、毛、发、皮、角、蹄等，球蛋白如酶、蛋白激素等。按溶解度的大小可分为白蛋白、球蛋白、醇溶蛋白和不溶性的硬蛋白等。按组成可分为简单蛋白和复合蛋白。简单蛋白是由氨基酸组成，复合蛋白是由简单蛋白和其他物质结合而成的，如蛋白质和核酸结合生成核酸蛋白，蛋白质与糖结合生成糖蛋白，蛋白质与血红素结合生成血红蛋白等。

糖

糖亦称碳水化合物，是多羟基醛或多羟基酮以及经过水解可生成多羟基醛或多羟基酮的化合物的总称。糖可分为单糖、低聚糖、多糖等。

单糖系不能水解的最简单的糖，如葡萄糖（醛糖）。低聚糖系在水解时能生成 2 ~ 10 个单糖分子的糖。其中以二糖最重要，如蔗糖、麦芽糖、乳糖等。多聚糖亦称多糖。一个分子水解时能生成 10 个分子以上单糖的糖叫多聚糖，如淀粉和纤维素。

高分子化合物

高分子化合物亦称 "大分子化合物" 或 "高聚物"。分子量可高达数千乃至数百万以上。可分为天然高分子化合物和合成高分子化合物 2 大类。天然高分子化合物如蛋白质、核酸、淀粉、纤维素、天然橡胶等。合成高分子化合物如合成橡胶、合成树脂、合成纤维、塑料等。

纤维素

纤维素是由葡萄糖组成的大分子多糖，不溶于水及一般有机溶剂，是植物细胞壁的主要成分，在自然界中分布最广、含量最高，占植物界碳含量的 50% 以上。棉花的纤维素含量接近 100%，为天然的最纯纤维素来源。一般木材中，纤维素占 40% ~50%，还有 10% ~30% 的半纤维素和 20% ~30% 的木质素。此外，麻、麦秆、稻草、甘蔗渣等，都是纤维素的丰富来源。纤维素是重要的造纸原料，此外，以纤维素为原料的产品广泛用于塑料、炸药、电工及科研器材等方面。

▮▮ 有机物的一般性质特点

多数有机化合物主要含有碳、氢两种元素，此外也常含有氧、氮、硫、卤素、磷等。部分有机物来自植物界，但绝大多数是以石油、天然气、煤等作为原料，通过人工合成的方法制得。与无机化合物，特别是与无机盐类相比较，有机化合物在其性质上一般有以下特点：

（1）大多数有机化合物都可以燃烧，有些有机化合物如汽油等还很容易燃烧。

（2）一般有机化合物的热稳定性较差，易受热分解，许多有机化合物在 $200 \sim 300℃$ 时即逐渐分解。

（3）许多有机化合物在常温下是气体、液体。常温下为固体的有机化合物，它们的熔点一般也很低，超过 $300℃$ 的有机化合物很少。这是因为有机化合物晶体一般是由较弱的分子间引力维持所致。

（4）一般有机化合物的极性较弱或是完全没有极性，而水是极性强、介电常数很大的液体，因此一般有机化合物难溶或不溶于水。但一些极性较强的有机化合物，如低级醇、羧酸、磺酸等也易溶于水。不溶于水的有机化合物往往可溶于某些有机溶剂，如苯、乙醚、丙酮、石油醚等。

（5）有机化合物的化学反应，多数不是离子反应，而是分子间的反应。除了某些反应（多数为放热的自由基型反应）的反应速度极快外，大多数有机反应需要一定时间才能完成反应。为了加速反应，往往需要以加热、加催化剂或光照等手段来增加分子动能、降低活化能或改变反应历程来缩短反应时间。

（6）有机反应往往不是单一的反应，反应物之间同时并进若干不同的反应，可以得到几种产物。一般把在某一特定反应条件下主要进行的一个反应叫做主反应，其他的反应叫做副反应。选择最有利的反应条件以减少副反应来提高主要产品的数量也是有机化学家的一项重要任务。

 知识点

离子反应

离子反应即指有离子参加的化学反应。离子反应的本质是某些离子的浓度发生改变。离子反应多在水溶液中进行。根据反应原理，离子反应可分为复分解、盐类水解、氧化还原、络合 4 个类型；也可根据参加反应的微粒，分为离子间、离子与分子间、离子与原子间的反应等。

有机物的同分异构现象

在有机化学中，化合物的结构是指分子中原子间的排列次序、原子相互间的立体位置、化学键的结合状态以及分子中电子的分布状态等各项内容在内的总称。

正是由于有机化合物的碳原子的结合能力非常强，互相可以结合成碳链或碳环。因此，同分异构现象在有机化合物当中非常普遍，也造成了种类繁多的有机化合物。因此，从其组成与结构上来看，有机化合物又具有以下特点。

有机化合物的数量如此之多首先是因为碳原子相互结合的能力很强。碳原子可以互相结合成不同碳原子数目构成的碳链或碳环。

一个有机化合物的分子中碳原子的数量少则仅一两个，多则可达几千、几万甚至几十万个（有机高分子化合物）。

此外，即使是碳原子数目相同的分子，由于碳原子间的连接方式有多种多样，因而又可以组成结构不同的许多化合物。分子式相同而结构相异因而其性质也各异的不同化合物，称为同分异构体。这种现象叫做同分异构现象。

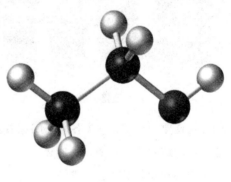

乙　醇

同分异构现象在有机化合物中普遍存在。例如，分子式 C_2H_6O 就可代表乙醇和二甲醚两种不同结构因而性质也不同的化合物，它们互为同分异构体。

又如 C_4H_{10} 代表丁烷和异丁烷，为两种不同结构的同分异构体。

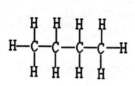

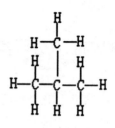

丁 烷   异丁烷

液化丁烷

显然,一个碳化合物含有的碳原子数和原子种类愈多,分子中原子间的可能排列方式也愈多,它的同分异构体也愈多。例如,分子式为 $C_{10}H_{22}$ 的同分异构体数可达 75 个。

从这些例子可以看出,同分异构现象的存在是有机化合物所以众多的主要原因,而同分异构现象在无机化学中并不是普遍多见的。上例讨论的丁烷和异丁烷的异构现象,只是分子中各原子间相互结合的顺序不同而引起的,这只是构造不同而致的异构现象,又叫做构造异构现象。除此之外,有机化合物还可由于构型和构象不同而造成异构现象。

知识点

化学键

化学键是指分子内或晶体内相邻两个或多个原子(或离子)间强烈的相互作用力的统称。化学键有 3 种类型:离子键、共价键、金属键。离子键是由带异性电荷的离子产生的相互吸引作用,例如,氯和钠以离子键结合成氯

化钠。共价键是两个或两个以上原子通过共用电子对产生的吸引作用，例如，两个氢核同时吸引一对电子，形成稳定的氢分子。金属键则是使金属原子结合在一起的相互作用。此外，还有过渡类型的化学键：由于粒子对电子吸引力大小的不同，使键电子偏向一方的共价键称为极性键，由一方提供成键电子的化学键称为配位键。

有机物的命名规则

有机化合物的种类如此庞杂，必然难于记忆。然而它的命名是有一定规律的，下面我们就来了解一下有机化合物的命名规则。通常情况下，有机化合物的命名规则有以下 3 种方法。

俗名及缩写

有些化合物常根据它的来源而以俗名命名之，要掌握一些常用俗名所代表的化合物的结构式。如：木醇是甲醇的俗称，酒精（乙醇）、甘醇（乙二醇）、甘油（丙三醇）、石炭酸（苯酚）、蚁酸（甲酸）、水杨醛（邻羟基苯甲醛）、肉桂醛（β-苯基丙烯醛）、巴豆醛（2-丁烯醛）、水杨酸（邻羟基苯甲酸）、氯仿（三氯甲烷）、草酸（乙二酸）、苦味酸（2,4,6－三硝基苯酚）、甘氨酸（α－氨基乙酸）、丙氨酸（α－氨基丙酸）、谷氨酸（α－氨基戊二酸）、D－葡萄糖、D－果糖（用费歇尔投影式表示糖的开链结构）等。还有一些化合物常用它的缩写及商品名称，如：RNA（核糖核酸）、DNA（脱氧核糖核酸）、阿司匹林（乙酰水杨酸）、煤酚皂或来苏儿（47%～53%的3种甲酚的肥皂水溶液）、福尔马林（40%的甲醛水溶液）、扑热息痛（对羟基乙酰苯胺）、尼古丁（烟碱）等。

普通命名（习惯命名）法

要求掌握"正、异、新"、"伯、仲、叔、季"等字头的含义及用法。
正：代表直链烷烃。

异：指碳链一端具有 $CH_3—CH—$ (CH_3) 结构的烷烃。

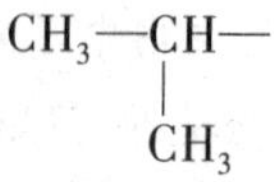

新：一般指碳链一端具有 $CH_3—C—$ (CH_3, CH_3) 结构的烷烃。

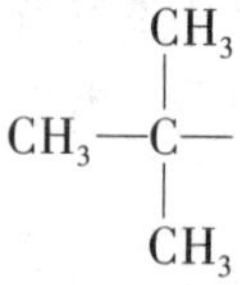

伯：只与 1 个碳相连的碳原子称伯碳原子。

仲：与 2 个碳相连的碳原子称仲碳原子。

叔：与 3 个碳相连的碳原子称叔碳原子。

季：与 4 个碳相连的碳原子称季碳原子。

要掌握常见烃基的结构，如：烯丙基、丙烯基、正丙基、异丙基、异丁基、叔丁基、苄基等。

系统命名法

系统命名法是有机化合物命名的重点，①必须熟练掌握各类化合物的命名原则。其中以烃类的命名为基础，几何异构体、光学异构体和多官能团化合物的命名是难点，应引起重视。②要牢记命名中所遵循的"次序规则"。

烷烃的命名

烷烃的命名是所有开链烃及其衍生物命名的基础。

命名的步骤及原则：

（1）选主链。选择最长的碳链为主链，有几条相同的碳链时，应选择含取代基多的碳链为主链。

（2）编号。给主链编号时，从离取代基最近的一端开始。若有几种可能的情况，应使各取代基都有尽可能小的编号或取代基位次数之和最小。

（3）书写名称。以阿拉伯数字表示取代基的位次，先写出取代基的位次及名称，再写烷烃的名称；有多个取代基时，简单的在前，复杂的在后，相同的取代基合并写出，用汉字数字表示相同取代基的个数；阿拉伯数字与汉字之间用半字线隔开。

几何异构体的命名

因双键或环碳原子的单键不能自由旋转而引起的异构体称为几何异构体，又称顺反异构体。

烯烃几何异构体的命名包括顺、反和 Z、E 两种方法。

简单的化合物可以用顺、反表示，也可以用 Z、E 表示。用顺、反表示时，相同的原子或基团在双键碳原子同侧的为顺式，反之为反式。

如果双键碳原子上所连 4 个基团都不相同时，不能用顺反表示，只能用 Z、E 表示。按照"次序规则"比较两对基团的优先顺序，两个较优基团在双键碳原子同侧的为 Z 型，反之为 E 型。必须注意，顺、反和 Z、E 是 2 种不同的表示方法，不存在必然的内在联系。有的化合物可以用顺、反表示，也可以用 Z、E 表示，顺式的不一定是 Z 型，反式的也不一定是 E 型。

脂环化合物也存在顺反异构体，2 个取代基在环平面的同侧为顺式，反之为反式。

▌▌▌ 有机物的分离、提纯、鉴别

在药品的生产、研究及检验等过程中，常常会遇到有机化合物的分离、提纯和鉴别等问题。有机化合物的鉴别、分离和提纯是三个既有关联而又有不同的概念。

分离和提纯的目的都是由混合物得到纯净物，但要求不同，处理方法也不同。分离是将混合物中的各个组分一一分开。在分离过程中常常将混合物中的某一组分通过化学反应转变成新的化合物，分离后还要将其还原为原来的化合物。提纯有 2 种情况，①设法将杂质转化为所需的化合物，②把杂质通过适当的化学反应转变为另外一种化合物将其分离（分离后的化合物不必再还原）。

鉴别是根据化合物的不同性质来确定其含有什么官能团，是哪种化合物。如鉴别一组化合物，就是分别确定各是哪种化合物即可。在做鉴别时要注意，并不是化合物的所有化学性质都可以用于鉴别，必须具备一定的条件：

（1）化学反应中有颜色变化；

（2）化学反应过程中伴随着明显的温度变化（放热或吸热）；

（3）反应产物有气体产生；

（4）反应产物有沉淀生成或反应过程中出现沉淀溶解、产物分层等。

各类化合物的鉴别方法：

1. 烯烃、二烯、炔烃

（1）溴的四氯化碳溶液，红色褪去。

（2）高锰酸钾溶液，紫色褪去。

2. 含有炔氢的炔烃

（1）硝酸银，生成炔化银白色沉淀。

（2）氯化亚铜的氨溶液，生成炔化亚铜红色沉淀。

3. 小环烃

三、四元脂环烃可使溴的四氯化碳溶液退色

4. 卤代烃

硝酸银的醇溶液，生成卤化银沉淀；不同结构的卤代烃生成沉淀的速度不同，叔卤代烃和烯丙式卤代烃最快，仲卤代烃次之，伯卤代烃需加热才出现沉淀。

5. 醇

（1）与金属钠反应放出氢气（鉴别 6 个碳原子以下的醇）；

（2）用卢卡斯试剂鉴别伯、仲、叔醇，叔醇立刻变浑浊，仲醇放置后变浑浊，伯醇放置后也无变化。

6. 酚或烯醇类化合物

（1）用三氯化铁溶液产生颜色（苯酚产生蓝紫色）。

（2）苯酚与溴水生成三溴苯酚白色沉淀。

7. 羰基化合物

（1）鉴别所有的醛酮：2,4 - 二硝基苯肼，产生黄色或橙红色沉淀；

（2）区别醛与酮用托伦试剂，醛能生成银镜，而酮不能；

（3）区别芳香醛与脂肪醛或酮与脂肪醛，用斐林试剂，脂肪醛生成砖红色沉淀，而酮和芳香醛不能；

（4）鉴别甲基酮和具有结构的醇，用碘的氢氧化钠溶液，生成黄色的碘仿沉淀。

8. 甲酸

用托伦试剂，甲酸能生成银镜，而其他酸不能。

9. 胺

区别"伯、仲、叔"胺有 2 种方法：

（1）用苯磺酰氯或对甲苯磺酰氯，在 NaOH 溶液中反应，伯胺生成的产物溶于 NaOH；仲胺生成的产物不溶于 NaOH 溶液；叔胺不发生反应。

（2）$NaNO_2 + HCl$——

脂肪胺：伯胺放出氮气，仲胺生成黄色油状物，叔胺不反应。

芳香胺：伯胺生成重氮盐，仲胺生成黄色油状物，叔胺生成绿色固体。

10. 糖

（1）单糖都能与托伦试剂和斐林试剂作用，产生银镜或砖红色沉淀；

（2）葡萄糖与果糖：用溴水可区别葡萄糖与果糖，葡萄糖能使溴水褪色，而果糖不能。

（3）麦芽糖与蔗糖：用托伦试剂或斐林试剂，麦芽糖可生成银镜或砖红色沉淀，而蔗糖不能。

常见烃和烃衍生物概述

CHANGJIAN TING HE TING YANSHENGWU GAISHU

碳和氢两种元素组成的有机化合物即为烃。烃的种类非常多，结构已知的烃的种类就在 2000 种以上。烃可以看做是有机化合物的母体，其他所有的有机化合物都可以看做是烃分子中一个或多个氢原子被其他元素的原子或原子团取代而生成的衍生物。所以，烃和烃的衍生物构成了一个庞大的有机物群体。烃及其衍生物跟人类关系十分密切，日常生产生活中使用的石油、煤的主要成分就是烃，还有甲烷、丁烷、石蜡、汽油等。烃的衍生物就更多了，如羧酸、氨基酸、葡萄糖、果糖等。

▎▎有机化合物的母体——烃

烃（tīng），是由碳和氢两种元素组成的有机化合物。烃类又称碳氢化合物，由于其他各类有机化合物都可看成是由烃衍生出来的，所以烃是有机化合物的母体。

烃是化学家发明的字，就是用"碳"的声母加上"氢"的韵母合成一个字，用"碳"和"氢"两个字的内部结构组成字形。烃类是所有有机化合物的母体，可以说所有有机化合物都不过是用其他原子取代烃中某些原子的结果。

它和氯气、溴蒸气、氧等反应生成烃的衍生物，不与强酸、强碱、强氧化剂（例如：高锰酸钾）反应。如甲烷和氯气在见光条件下反应生成一氯甲烷、二氯甲烷、三氯甲烷和四氯甲烷（四氯化碳）等衍生物。在烃分子中碳原子互相连接，形成碳链或碳环状的分子骨

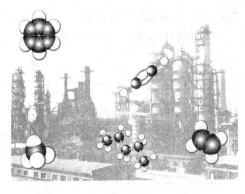

烃

架，一定数目的氢原子连在碳原子上，使每个碳原子保持四价。烃的种类非常多，已知的烃在 2000 种以上。

按分子中碳原子之间连接的方式以及键不同，可把烃的分类列表如下：

$$
烃
\begin{cases}
开链烃\\(脂肪烃)
\begin{cases}
饱和烃（烷烃）\\
不饱和烃
\begin{cases}
烯\quad 烃\\
炔\quad 烃\\
二烯烃
\end{cases}
\end{cases}\\[2em]
闭链烃\\(环烃)
\begin{cases}
脂环烃\\
芳香烃
\end{cases}
\end{cases}
$$

开链烃又叫脂肪烃。在化学结构上具有不封闭的链状结构的烃称为开链烃。根据它的结构和性质又可分为饱和烃和不饱和烃。其中饱和烃又称烷烃，它是分子中碳碳间均以单链（C—C）相连，而其余价键均为氢原子所饱和的开链烃，又称石蜡烃。最简单的烷烃是甲烷，它是由 1 个碳原子和 4 个氢原子组成即 CH_4；随着碳原子数的增加，依次为乙烷、丙烷、丁烷等，分子式依次为：

甲烷　　　　CH_4　　　　$C_1H_{2\times1+2}$

乙烷　　　　C_2H_6　　　　$C_2H_{2\times2+2}$

丙烷　　　　C_3H_8　　　　$C_3H_{2\times3+2}$

丁烷　　　　C_4H_{10}　　　　$C_4H_{3\times4+2}$

烷烃的分子式的通式为 C_nH_{2n+2}，其中"n"表示分子中碳原子的个数。

"$2n+2$"表示氢原子的个数。

在开链烃分子中，碳原子之间具有双键或三键的碳氢化合物称不饱和烃。它们又分为烯烃、炔烃和二烯烃。烯烃是含 1 个双键的不饱和烃。它们比起相应的烷烃缺少 2 个氢原子，因此，它们的通式为 C_nH_{2n}，如 $CH_2=CH_2$ 乙烯、$CH_2=CH-CH$ 丙烯。

炔烃是含有三键的不饱和烃。它们比相应的烷烃少 4 个氢原子，因此，它们的通式为 C_nH_{2n-2}，如 $CH\equiv C-CH_3$ 丙炔。

二烯烃是含有 2 个双键的不饱和烃。二烯烃比烯烃多 1 个双键，需要从烯烃的相邻 2 个饱和碳原子上各去掉 1 个氢原子，所以二烯烃比烯烃少 2 个氢原子，如 $CH_2=CH-CH=CH_2$　1，3 - 丁二烯

$CH_2=CH-CH=CH-CH_3$　1，3 - 戊二烯。

它们的通式为 C_nH_{2n-2}。这个通式与炔烃的通式相同。因此，同数碳原子的二烯烃与炔烃也是同分异构体。

所有的烃都是恶水的，即所有的烃都不溶于水。

自然界中，石油和煤的主要成分都是烃。烃分为饱和烃和不饱和烃。石油中的烃类多是饱和烃，而不饱和烃如乙烯、乙炔等，一般只在石油加工过程中才能得到。石油中的烃有 3 种类型：烷烃、环烷烃和芳香烃。其中，烷烃是碳原子间以单键相连接的链状碳氢化合物。由于组成烃的碳和氢的原子数目不同，结果就使石油中含有大大小小差别悬殊的烃分子。烷烃是根据分子里所含的碳原子和数目来命名的。碳原子数在 10 个以下的，从 1 到 10 依次用甲、乙、丙、丁、戊、己、庚、辛、壬、癸烷来表示，碳原子数在 11 个以上的，就用数字来表示。石油中的烷烃包括正构烷烃和异构烷烃。正构烷烃在石蜡基石油中含量高；异构烷烃在沥青基石油中含量高。烷烃又称烷族碳氢化合物。在常温常压下，$C_1\sim C_4$ 的烷烃呈气态，存在于天然气中；$C_5\sim C_{15}$ 的烷烃是液态，是石油的主要成分；C_{16} 以上的烷烃为固态。其次环烷烃，顾名思义它是环状结构。最常见的是 5 个碳原子或 6 个碳原子组成的环，前者叫环戊烷，后者叫环己烷。环烷烃的分子式的通式为 C_nH_{2n}。环烷烃又叫环烷族碳氢化合物。最后芳香烃，又称芳香族碳氢化合物。一般有 1 个或多个具有特殊结构的六元环（苯环）组成。最简单的芳香烃是苯、甲苯、二甲苯。

它们从石油炼制过程中，铂重整装置生产中可以得到。芳香族碳氢化合物的分子式的通式为 C_nH_{2n-6}。

烃及其衍生物在日常生活中的应用也非常普遍。常见的烃有甲烷（沼气）、丁烷（打火机油）、异辛烷、石蜡、高级汽油。异辛烷值与汽油在内燃机内燃烧时引起的震荡成反比。聚乙烯的名字要注意，乙烯聚合后生成的是高分子烷（末端可能有其他基团）。很多植物精油是烯类化合物所组成，如苧是橙、柚等果皮挤出的油之主要成分，由松树压出的油含有 2 种异构蒎烯与少量的其他种单化合物，动物肝脏有制造鲨烯的功能，它是胆固醇及一些性激素的中间体。天然橡

海底石油

胶是含有多个双键（作规律性分布）的烯类化合物。β 胡萝卜素内有一个很长的共轭多烯系统，在碳链上单键与双键互替，故能吸收部分的可见光波而显色。乙炔是我们最熟悉又是最简单的含三键碳氢化合物，它可由碳化钙的水解而制得。在电灯未普及之前，路旁小摊在夜间照明多用即生即燃乙炔，现在它的最大用途是焊接。

双　键

双键是指在化合物分子中两个原子间以二对共用电子构成的重键。共价键共有 4 种，分别是单键、双键、三键、四重键，双键是其中一种。双键虽然比单键强，但含有双键的有机化合物具有不饱和性，能起加成反应（不饱和化合物生成饱和或比较饱和的一种有机化学反应）和聚合反应（单体合成聚合物的反应）。

脂肪烃及其衍生物的性质和利用

具有脂肪族化合物基本属性的碳氢化合物叫做脂肪烃（aliphatic hydrocarbons）。分子中碳原子间连接成链状的碳架，两端张开而不成环的烃，叫做开链烃，简称链烃。因为脂肪烃具有这种结构，所以也叫做脂链烃。有些环烃在性质上不同于芳香烃，而十分类似脂链烃，这类环烃叫脂环烃。这样脂肪烃便成为除芳香烃以外的所有烃的总称。脂链烃和它的衍生物总称为脂肪族化合物，脂环烃及它的衍生物总称脂环族化合物。糖类、淀粉和脂肪都是一种脂肪族化合物。

根据碳原子间键的种类——单键、双键、三键，可分为烷烃或石蜡烃、烯烃、二烯烃、炔烃。含有双键或三键的叫做不饱和。碳链是直的叫做直链烃，有侧链的叫做侧链烃。烷烃的分子通式为 C_nH_{2n+2}、烯烃为 C_nH_{2n}、炔烃和二烯烃为 C_nH_{2n-2}。

脂肪烃的物理性质，例如沸点、熔点、相对密度等，随分子中碳原子数的递增而呈现出有规律的变化，常温下的状态则由气态逐渐变成液态、固态。

脂肪烃的主要化学性质为碳原子上的氢原子被其他活泼原子取代的置换反应、高温下断链、脱氢生成较低碳数的烷烃、烯烃的裂解反应，$C_6 \sim C_8$ 直链烷烃可经脱氢环化生成苯系芳烃的反应。烯烃、二烯烃、炔烃的化学性质活泼，可以进行加成、置换、齐聚、共聚、聚合、氧化等多种反应，工业上最有用的是加成反应及聚合反应。

脂肪烃一般都是石油和天然气的重要成分。$C_1 \sim C_5$ 低碳脂肪烃是石油化工的基本原料，尤其是乙烯、丙烯和 C_4、C_5 共轭烯烃，在石油化工中应用最多、最广。自然

冰片实物

界中的脂肪烃较少，但其衍生物则广泛存在，而且与生命有极密切的关系，例如樟脑常用作驱虫剂、麝香常用作中草药和冰片。

樟脑化学名为莰酮，分子式为 $C_{10}H_{16}O$，分子结构为立体结构。由樟树木片用水蒸气蒸馏所得的精油，系白色晶体。樟脑结晶体呈粒状、针状或片状；无色或白色；具黏性，可压制成半透明团或块。加少量乙醇、氯仿或乙醚后易研碎成细粉。易升华，有特殊香气，刺鼻。味初辛，后清凉。燃烧时能发出有光的火焰并有浓黑烟。能溶于多种有机溶剂，如二硫化碳、苯、甲苯、二甲苯、丙酮等。极易溶于氯仿、乙醚和乙醇。微溶于水〔1:598（14～17℃时）〕。天然樟脑大多为右旋体，罕见左旋体和外消旋体，合成樟脑一般为外消旋体。根据原料和加工方法，有天然樟脑和合成樟脑两种。明代李时珍著《本草纲目》中记载："樟脑出韶州、漳州，状似龙脑，色白如雪，樟树脂膏也。"明末郑成功收复台湾后，樟脑业开始传入台湾。1863 年起樟脑行销国外，台湾樟脑由此闻名世界。随着赛璐珞工业的迅速发展，天然樟脑供不应求。20 世纪初德国首先以松节油中的蒎烯为原料进行樟脑的工业合成研究。中国自 20 世纪 50 年代中期开始生产合成樟脑。世界樟脑年消耗量约 1 万吨。国际贸易量每年约 0.7 万～0.8 万吨。中国每年出口量约占世界总贸易量的 1/2。

樟脑用于制造赛璐珞和摄影胶片；无烟火药制造中用作稳定剂；医药方面用于制备中枢神经兴奋剂（如十滴水、人丹）和复方樟脑酊等。能防虫、防腐、除臭，具馨香气息，是衣物、书籍、标本、档案的防护珍品。天然樟脑纯度高、比旋度大，在医药等方面的特殊用途难于用合成樟脑完全代替。但是樟脑对人类健康也会产生一定的危害。樟脑蒸气

樟脑树

可造成急性重症中毒，出现意识丧失、牙关紧闭，甚至死亡。口服引起眩晕、精神错乱、谵妄、惊厥、昏迷，最后因呼吸衰竭而死亡。

 知识点

置换反应

置换反应是无机化学反应的四大基本反应类型之一，是指单质与化合物反应生成另外的单质和化合物的化学反应。简单地说，置换反应是指组成化合物的某种元素被组成单质的元素所替代的反应，可表示为 A + BC→B + AC。需要注意的是，任何置换反应都属于复分解反应（由两种化合物互相交换成分，生成另外两种化合物的反应），包括金属与金属盐的反应、金属与酸的反应等。

芳香烃化合物的性质和应用

芳香烃（Aromatics）简称"芳烃"，通常指分子中含有苯环结构的碳氢化合物。芳香烃是闭链类的一种，具有苯环基本结构。历史上早期发现的这类化合物多有芳香味道，所以称这些烃类物质为芳香烃，后来发现的不具有芳香味道的烃类也都统一沿用这种叫法，例如苯、萘等。苯的同系物的通式是 C_nH_{2n-6}（$n \geq 7$）。

芳香烃不溶于水，溶于有机溶剂。芳香烃一般比水轻，沸点随分子量的增加而升高。芳香烃易起取代反应，在一定条件下也能起加成反应。如苯跟氯气在铁催化剂条件下生成氯苯和氯化氢，在光照下则发生加成反应生成六氯化苯（$C_6H_6C_{16}$）。芳香烃主要用于制药、染料等工业。

根据结构的不同，芳香烃可分为 3 类：①单环芳香烃，如苯的同系物；②稠环芳香烃，如萘、蒽、菲等；③多环芳香烃，如联苯、三苯甲烷。

芳香烃主要来源于煤、石油和焦油。芳香烃在有机化学工业里是最基本的原料。现代用的药物、炸药、染料，绝大多数是由芳香烃合成的。燃料、塑料、橡胶及糖精也用芳香烃为原料。其中的糖精，为白色结晶性粉末，其难溶于水，而其钠盐易溶于水，对热稳定，其甜度为蔗糖的 300～500 倍，不含热量，吃起来会有轻微的苦味和金属味残留在舌头上，是最古老的甜味剂。

糖精于 1878 年被美国科学家发现，很快就被食品工业界和消费者接受。糖精不被人体代谢吸收，在各种食品生产过程中都很稳定。缺点是风味差，有后苦，这使其应用受到一定限制。急性毒性 LD50（兔）为 5000～8000 毫克/千克 BW（口服）；每日摄取安全容许量（ADI）为 0～2.5 毫克/千克 BW。有一些研究结果显示，其曾在动物实验中发现有导致膀胱癌的可能性，但在人体试验上并未发现有不良影响。糖精很多年来都是世界上惟一大量生产与使用的合成甜味剂，尤其是在第二次世界大战期间，糖精在世界各国的使用明显增加。制造糖精的原料主要有甲苯、氯磺酸、邻甲苯胺等，均为石油化工产品。甲苯易挥发和燃烧，甚至引起爆炸，大量摄入人体后会引起急性中毒，对人体健康危害较大；氯磺酸极易吸水分解产生氯化氢气体，对人体有害，并易爆炸；糖精生产过程中产生的中间体物质对人体健康也有危害。糖精在生产过程中还会严重污染环境。此外，目前从部分中小糖精厂私自流入广大中小城镇、农村市场的糖精，还因为工艺粗糙、工序不完全等原因而含有重金属、氨化合物、砷等杂物。它们在人体中长期存留、积累，不同程度地影响着人体的健康。

芳香族化合物在历史上指的是一类从植物胶里取得的具有芳香气味的物质，但目前已知的芳香族化合物中，大多数是没有香味的。因此，芳香这个词已经失去了原有的意义，只是由于习惯而沿用至今。下面介绍一下各种芳香族化合物的化学性质及其在工业、医药等方面的用途。

多环芳香烃的简介

多环芳香烃，分子中含有 2 个或 2 个以上苯环结构的化合物，是最早被认识的化学致癌物。早在 1775 年英国外科医生 Pott 就提出，打扫烟囱的童工，成年后多发阴囊癌，其原因就是燃煤烟尘颗粒穿过衣服擦入阴囊皮肤所致——实际上就是煤烟中的多环芳香烃所致。多环芳香烃也是最早在动物实验中获得成功的化学致癌物。1915 年日本学者 Yamagiwa 和 Ichikawa，用煤焦油中的多环芳香烃使动物致癌。在 20 世纪 50 年代以前，多环芳香烃曾被认为是最主要的致癌因素，50 年代后，被认为是各种不同类型的致癌物中之一。但总的来说，它在致癌物中仍然有很重要的地位，因为至今它仍然是数量最

烟熏食品

多的一类致癌物，而且分布极广。空气、土壤、水体及植物中都有其存在，甚至在深达地层下50米的石灰石中也分离出了3,4-苯并芘。在自然界，它主要存在于煤、石油、焦油和沥青中，也可以由含碳氢元素的化合物不完全燃烧产生。汽车、飞机及各种机动车辆所排出的废气中和香烟的烟雾中均含有多种致癌性多环芳香烃。露天焚烧（失火、烧荒）可以产生多种多环芳香烃致癌物。烟熏、烘烤及焙焦的食品均可受到多环芳香烃的污染。

致癌性多环芳香烃的类别

目前已发现的致癌性多环芳香烃及其致癌性的衍生物已达400多种。按其化学结构基本上可分成苯环和杂环2类。

苯环类多环芳香烃

苯是单环芳香烃，它是多环芳香烃的母体。过去一直认为苯无致癌作用，近年来通过动物实验和临床观察，发现苯能抑制造血系统，长期接触高浓度的苯可引起白血病。

三环芳香烃

二环芳香烃不致癌，三环以上的多环芳香烃才有致癌性。三环芳香烃的两异构体蒽和菲都无致癌性，但它们的某些甲基衍生物有致癌性。例如，9,10-二甲基蒽、1,2,9,10-四甲基苯等都有致癌性。菲的环戊基衍生物中有不少具有较强的致癌性，特别是15H-环戊并（a）菲的二甲基及三甲基衍生物都具有强烈的致癌性。

四环芳香烃有6个异构体，实验证明只有3,4-苯并菲有中等强度的致癌性，1,2 – 苯并蒽有极弱的致癌性。它们的甲基衍生物中2 – 甲基 – 3,4 – 苯并菲是强致癌物。1,2 – 苯并蒽的许多甲基、烷基及多种其他取代基的衍生物都有一定的致癌性，如9,10 – 二甲基 – 1,2 – 苯并蒽是目前已知致癌性多环芳香烃中作用最快、活性最大的皮肤致癌物之一。

屈可能是致癌活性较弱的致癌物，但它的衍生物中3 – 甲基屈及5 – 甲基屈具有强烈致癌作用。

五环芳香烃

五环芳香烃有15个异构体，其中5个有致癌性。3,4 – 苯并芘为特强致癌物，1,2,5,6 – 二苯并蒽为强致癌物，1,2,3,4 – 二苯并菲为中强致癌物，1,2,7,8 – 二苯并蒽和1,2,5,6 – 二苯并菲为弱致癌物。

六环芳香烃

六环芳香烃的异构体比五环芳香烃的更多，但进行过致癌实验的仅10多种。其中3,4,8,9 – 二苯并芘是强致癌物，1,2,3,4 – 二苯并芘致癌性很强，3,4,9,10 – 二苯并芘及1,2,3,4 – 二苯并芘的7 – 甲基衍生物也有明显致癌作用，其余六环芳香烃无致癌作用或仅有弱的致癌性。

七环以上的芳香烃研究得较少。

有致癌性的其他多环芳香烃还很多，现举例如下。

芴 类

芴本身无致癌性，但其某些衍生物具有致癌性。

例如，1,2,5,6 – 二苯并芴、1,2,7,8 – 二苯并芴和1,2,3,4 – 二苯并芴等已被证实具有一定的致癌性，如可使小鼠发生皮肤癌。2,3 – 苯并芴蒽和7,8 – 苯并芴蒽具有强致癌作用，对小鼠皮肤的致癌作用仅次于3,4 – 苯并芘。

胆蒽类

胆蒽具有较强的致癌性，它的许多甲基及其他烷基衍生物也具有较强的致癌性。例如3 – 甲基胆蒽是极强的致癌物，可致小鼠皮肤癌、宫颈癌、肺癌等癌症。在肠道，由细菌作用得到的脱氧胆酸可转化为甲基胆蒽，这一化学致癌物可能对人体有致癌作用。

杂环类多环芳香烃

多环芳香烃的环中碳原子被氮、氧、硫等原子取代而成的化合物为杂环多环芳香烃。杂环类多芳香烃中有一些化合物具有一定的致癌性。现以含氮苯稠杂环类举例如下。

苯并吖啶

蒽分子环中十位的碳原子被氮原子取代的化合物为吖啶。苯并（a）吖啶、苯并（c）吖啶均无致癌性，它们的某些甲基衍生物却有致癌性。例如，8,10,12-三甲基苯并（a）吖啶和9,10,12-三甲基苯并（a）吖啶均为强致癌物，7,9-二甲基苯并（c）吖啶和7,10-二甲基苯并（c）吖啶均为极强的致癌物。后二者的致癌力比3-甲基胆蒽还强。

二苯并吖啶

二苯并吖啶中研究较多的有3个异构体，即二苯并（a，h）吖啶、二苯并（a，j）吖啶及二苯并（c，h）吖啶，三者均有致癌性。二苯并（a，h）吖啶和二苯并（a，j）吖啶的某些烷基衍生物有致癌性，如二苯并（a，h）吖啶的8-乙基和14-正丁基衍生物有致癌性。

咔唑是芴分子环中九位的碳原子被氮原子取代的化合物。它的一些单苯及双苯衍生物已有不少被证实有致癌性。例如7-H-二苯并（a，g）咔唑和7-H-二苯并（c，g）咔唑对小白鼠都有致癌作用。后者的N-甲基及N-乙基衍生物有弱的致癌活性。近年来又发现一些二氮杂苯并咔唑类化合物，也具有明显致癌物。其中11-氮杂-二苯并（c，i）咔唑及1-氮杂-二苯并（a，i）咔唑为中强致癌物。

含氮苯稠杂环的致癌性是20世纪50年代才开始研究的。这类化合物的致癌作用不像对多环芳香烃化合物被研究得那样深入、广泛，而且大多数缺乏对人致癌的充分证据。这类化合物广泛分布于自然界，不少是植物中的生物碱和其他生物物质，很多还是人工合成的药物。因此，利用这些化合物时应加注意。芳香族化合物并不是所有的芳香族化合物都是有芳香味道，因为最开始化学界在研究和接触这类物质是从一些染料、一些有香味的花草中得知有这些物质，所以才叫芳香族。

取代反应

取代反应是指有机化合物受到某类试剂的进攻，致使分子中一个基（或原子）被这个试剂所取代的反应。取代反应可分为亲核取代、亲电取代和均裂取代三类。在有机化学中，亲电子和亲核性取代反应非常重要。如果取代反应发生在分子内各基团之间，则称为分子内取代。

卤代烃的性质和应用

卤代烃（halohydrocarbon）是指烃分子中的氢原子被卤素（氟、氯、溴、碘）取代后生成的化合物。它是烃的一种重要的衍生物。

根据取代卤素的不同，分别称为氟代烃、氯代烃、溴代烃和碘代烃；也可根据分子中卤素原子的多少分为一卤代烃、二卤代烃和多卤代烃；还可根据烃基的不同分为饱和卤代烃、不饱和卤代烃和芳香卤代烃等。此外，还可根据与卤原子直接相连碳原子的不同，分为一级卤代烃 RCH_2X、二级卤代烃 R_2CHX 和三级卤代烃 R_3CX。

卤代烃基本上与烃相似，低级的是气体或液体，高级的是固体。它们的沸点随分子中碳原子和卤素原子数目的增加（氟代烃除外）和卤素原子序数的增大而升高，密度随碳原子数增加而降低。一氟代烃和一氯代烃一般比水轻，溴代烃、碘代烃及多卤代烃比水重。绝大多数卤代烃不溶于水或在水中溶解度很小，但能溶于很多有机溶剂，有些可以直接作为溶剂使用。卤代烃大都具有一种特殊气味，多卤代烃一般都难燃或不燃。脂肪族卤代烃可在碱性溶液中水解生成醇，芳香族卤代烃则较为困难。

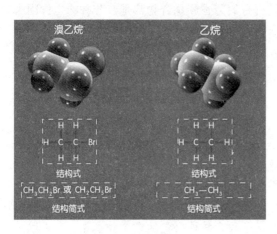

卤代烃

卤代烃是一类重要的有机合成中间体，是许多有机合成的原料，它能发生许多化学反应，如取代反应、消除反应等。卤代烷中的卤素容易被—OH、—OR、—CN、NH_3 或 H_2NR 取代，生成相应的醇、醚、腈、胺等化合物。碘代烷最容易发生取代反应，溴代烷次之，氯代烷又次之，芳基和乙烯基卤代物由于碳－卤键连接较为牢固，很难发生类似反应。卤代烃可以发生消去反应，在碱的作用下脱去卤化氢生成碳－碳双键或碳－碳三键。比如，溴乙烷与强碱氢氧化钾在与乙醇共热的条件下，生成乙烯、溴化钾和水。卤代烃发生消去反应时遵循查依采夫规则。邻二卤化合物除可以进行脱卤化氢的反应外，在锌粉（或镍粉）作用下还可发生脱卤反应生成烯烃。

卤代烷在绝对无水的乙醚中与 Mg 反应生成格氏试剂（RMgX）。该试剂是重要的有机合成中间体，可与 CO_2、CO 等物质作用，生成羧酸、醛酮等物质。卤代烷也可与 Li 发生反应，生成 RLi。许多卤代烃可用作灭火剂（如四氯化碳）、冷冻剂（如氟利昂）、麻醉剂（如氯仿，现已不使用）、杀虫剂（如六六六，现已禁用）以及高分子工业的原料（如氯乙烯、四氟乙烯）。

卤代烃虽然是重要的化工原料，但是卤素是强毒性基，因此卤代烃一般比母体烃类的毒性大。卤代烃经皮肤吸收后，会侵犯神经中枢或作用于内脏器官，引起中毒。一般来说，碘代烃毒性最大，溴代烃、氯代烃、氟代烃毒性依次降低。低级卤代烃比高级卤代烃毒性强；饱和卤代烃比不饱和卤代烃毒性强；多卤代烃比含卤素少的卤代烃毒性强。使用卤代烃的工作场所应保持良好的通风。

灭火剂（四氯化碳）是甲烷与氯气在光照下反应制得的。四氯化碳为无色澄清易流动的液体，工业上有时因含杂质呈微黄色，具有芳香气味，易挥发，故常常密封保存在棕色试剂瓶中，但夏天温度较高，其挥发仍较快。经实验发现用水液封保存四氯化碳就不易挥发，能长久贮存。向四氯化碳中加入少量水，水浮在上层形成一层与 CCl_4 同样无色的液封。四氯化碳的密度（20℃）1.595 克/立方厘米、熔点 −22.8℃，沸点 76~77℃。四氯化碳的蒸气较空气重约 5 倍，且不会燃烧。四氯化碳的蒸气有毒，它的麻醉性较氯仿低，但毒性较高，吸入人体 2~4 毫升就可使人死亡。CCl_4 是典型的肝脏毒物，接触浓度与频度会影响其作用部位及毒性。高浓度时，首先是中枢神经系统受累，随后累及肝、肾；而低浓度的长期接触则主要使肝、肾受累。乙醇可促进四氯化碳的吸收，加重中毒症状。另外，四氯化碳可增加心肌对肾上腺素的敏感性，引起严重心律失常。人对四氯化碳的个体易感性差异较大，有报道口服 3~5 毫升即可中毒，29.5 毫升即可致死。既有在 160~200 毫升/米^3 浓度下发生中毒，也有在 1~2 克/米^3 浓度下接触 30 分钟方出现轻度中毒的现象。目前认为四氯化碳无致畸和致突变作用，但具有胚胎毒性。根据 IARC 1972 年和 1979 年资料，四氯化碳长期作用可以引起啮齿动物的肝癌，被列为"对人类有致癌可能"一类的化学物。四氯化碳在水中的溶解度很小，且遇湿气及光即逐渐分解生成盐酸。它易溶于各种有机溶剂，能与醇、醚、氯仿、苯等任意混合。对于脂肪、油类及多种有机化合物来说为一极优良的溶剂。

　　用卤代烃制作的冷冻剂氟利昂是一种对臭氧层破坏极强的物质。

　　氟利昂是 20 世纪 20 年代合成的，其化学性质稳定，不具有可燃性和毒性，被当作制冷剂、发泡剂和清洗剂，广泛

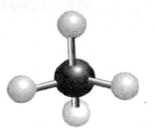

Ⅰ球棍模型　　　　Ⅱ比例模型

甲烷分子模型

用于家用电器、泡沫塑料、日用化学品、汽车、消防器材等领域。20 世纪 80 年代后期，氟利昂的生产达到了高峰，产量达到了 144 万吨。在对氟利昂实行控制之前，全世界向大气中排放的氟利昂已达到了 2000 万吨。由于它们在

空 洞

大气中的平均寿命达数百年，所以排放的大部分仍留在大气层中，其中大部分仍然停留在空中的对流层，一小部分升入天空的平流层。在对流层相当稳定的氟利昂，在上升进入平流层后，在一定的气象条件下，会在强烈紫外线的作用下被分解。分解释放出的氯原子同臭氧会发生连锁反应，不断破坏臭氧分子。科学家估计，1 个氯原子可以破坏数万个臭氧分子。

根据资料，2003 年臭氧空洞面积已达 2500 万平方千米。臭氧层被大量损耗后，吸收紫外线辐射的能力大大减弱，导致到达地球表面的紫外线 B 明显增加，给人类健康和生态环境带来多方面的危害。据分析，平流层臭氧每减少 1/10000，全球白内障的发病率就将增加 0.6% ~ 0.8%，即意味着因此失明的人数将增加 1 万~1.5 万。

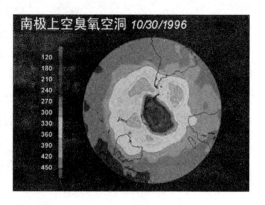
臭氧层空洞

消除反应

消除反应又称脱去反应或是消去反应，属于一种有机反应，是指一有机化合物分子和其他物质反应，失去部分原子或官能基（称为离去基）。反应后的分子会产生多键，为不饱和有机化合物。消除反应有两种：（1）β 脱去反应（化合物会失去 β 氢原子的反应）：较常见，一般生成烯类。（2）α 脱去反应（化合物失去 α 氢原子的反应）：生成卡宾类化合物。

醇的分类、命名、性质和应用

醇（Alcohol）分类方法可有不同标准，大致有 3 种分类方法。

（1）醇根据烃基的不同，可以分为芳香醇、脂环醇和脂肪醇，其中脂肪醇又可分为饱和脂肪醇和不饱和脂肪醇。

（2）根据所含羟基的多少，可分为一元、二元、三元或多元醇。

（3）按羟基所连的碳进行分类：伯醇羟基所连的碳为伯碳、仲醇羟基所连的碳为仲碳、叔醇羟基所连的碳为叔碳。因此醇的分子通式为：仅限一元饱和醇：$C_nH_{2n+1}OH$；n 元饱和醇：$C_mH_{2m+2-n}(OH)_n$（$m \geqslant n$）。

醇有 3 种命名方法：

（1）按习惯命名法。把所有的醇都看做是甲醇的衍生物，命名为××甲醇。如三甲基甲醇、三苯甲醇。

（2）按系统命名法。即选择含羟基的最长碳链，按其所含碳原子数称为某醇，并从靠近羟基的一端依次编号。写全名时，将羟基所在碳原子的编号写在某醇前面，例如 1－丁醇 $CH_3CH_2CH_2CH_2OH$。当分子中含多个羟基时，应选择含羟基最多的最长的碳链为主链，并从靠近羟基一端开始编号，当不可能将所有羟基都包含到同一主链内时，应将羟基作为取代基。在支链的命名上，与主链相连的碳永远是 1 号碳。侧链的位置编号和名称写在醇前面，例如 2－甲基－1－丙醇。含有羟基的多官能团化合物命名时，羟基可看作取代基而不以醇命名。

（3）普通命名法。将醇看作是由烃基和羟基两部分组成，羟基部分以醇字表示，烃基部分去掉基字，与醇字合在一起。例如，正丁醇（一级醇）$CH_3CH_2CH_2CH_2OH$、异丁醇（一级醇）$(CH_3)_2CHCH_2OH$、二级丁醇（二级醇）$CH_3CH_2CH(OH)CH_3$、三级丁醇（三级醇）$(CH_3)_3COH$、新戊醇（一级醇）$(CH_3)_3C-CH_2OH$。或以醇的来源或特征命名。例如，木醇（即甲醇）由干馏木材得到，香茅醇由还原香茅醛得到，橙花醇存在于橙花油中，甘醇

（即乙二醇）因具有醇和甘油的特征而得名。

　　自然界有许多种醇，在发酵液中有乙醇及其同系列的其他醇。植物香精油中有多种萜醇和芳香醇，它们以游离状态或以酯、缩醛的形式存在。还有许多醇以酯的形式存在于动植物油、脂、蜡中。

慕斯彩蜡

$C_1 \sim C_4$ 是低级一元醇，是无色流动液体，比水轻，能与水以任意比例混合。$C_5 \sim C_{11}$ 为油状液体，C_{12} 以上高级一元醇是无色的蜡状固体，可以部分溶于水。甲醇、乙醇、丙醇都带有酒味；丁醇开始到十一醇有让人不愉快的气味；二元醇和多元醇都具有甜味，故乙二醇有时称为甘醇。甲醇有毒，饮用 10 毫升就能使眼睛失明，再多用就有使人死亡的危险，故需注意。

　　醇的沸点比含同碳原子数的烷烃、卤代烷高。CH_3CH_2OH 的沸点是78.5℃，CH_3CH_2Cl 的沸点是12℃。这是因为液态时水分子和醇分子一样，在它们的分子间有缔合现象存在。由于氢键缔合，它具有较高的沸点。

　　在同系列中醇的沸点是随着碳原子数的增加而有规律地上升。如直链饱和一元醇中，每增加 1 个碳原子，它的沸点大约升高 15 ~ 20℃。此外，同数碳原子的一元饱和醇，沸点是随支链的增加而降低。在相同碳数的一元饱和醇中，伯醇的沸点最高，仲醇次之，叔醇最低。

　　低级的醇能溶于水，分子量增加溶解度就降低。含有 3 个以下碳原子的一元醇，可以和水混溶。正丁醇在水中的溶解度就很低，只有 8%，正戊醇就更小了，只有 2%。高级醇和烷烃一样，几乎不溶于水。低级醇之所以能溶于水主要是由于它的分子中有和水分子相似的部分——羟基。醇和水分子之间能形成氢键，所以促使醇分子易溶于水。当醇的碳链增长时，羟基在整个分子中的影响减弱，在水中的溶解度也就降低，以至于不溶于水。相反的，当醇中的羟基增多时，分子中和水相似的部分增加，同时能和水分子形成氢键的部位也增加了，因此二元醇的水溶性要比一元醇大。甘油富有吸湿性，故纯甘油不能直接用来滋润皮肤，一定要掺一些水，不然它会从皮肤中吸取水分，使人感到刺痛。醇也能溶于强酸。正因为醇能和质子形成盐，故醇在强酸水溶液中溶解度要比在纯水中大。如正丁醇，它在水中溶解度只有8%，但是它能和浓盐酸混溶。醇能溶于浓硫酸，这个性质在有机分析上很重要，它常被用来区别醇和烷烃，因为后者不溶于强酸。

低级醇能和一些无机盐类（$MgCl_2$，$CaCl_2$，$CuSO_4$ 等）形成结晶状的分子化合物，称为结晶醇。如：$MgCl_2$ · $6CH_3OH$，$CaCl_2$ · $4C_2H_5OH$ 等。结晶醇不溶于有机溶剂而溶于水。利用这一性质可将醇与其他有机物分开或从反应物中除去醇类。如：乙醚中的少量乙醇，加入 $CaCl_2$ 便可除去少量乙醇。

结晶山梨醇

醇类物质具有不稳定的结构。同一碳上连有多个羟基的化合物不稳定，这类物质通常发生生成醛（酮）的中间反应。醇可与金属反应（该反应为置换反应），醇与金属的反应随着分子量的加大而变慢。如与金属钠的反应，$2R—OH + 2Na \longrightarrow 2R—ONa + H_2\uparrow$；反应现象为：①钠块沉入容器底部；②钠块产生气泡；③反应结束后，有无色晶体析出（此为 R—OH）。醇与HX卤代发生反应：醇的酯化与醇解反应，如与硫酸酯化反应，醇与硫酸在不太高的温度下作用得到硫酸氢酯，叔醇和硫酸反应往往脱水生成烯烃，醇和硫酸的反应虽然产物比较复杂，但是在工业生产上依然是个很有用的反应。醇的消去反应、氧化反应：叔醇一般不发生氧化反应，但叔醇和重铬酸钾的浓硫酸溶液混合时，会先脱水生成烯烃再被氧化，反应十分复杂。多元醇能和 $Cu(OH)_2$ 发生显色反应，生成绛蓝色清亮透明溶液。

关于醇的制取和应用：工业制备低级醇，常用淀粉发酵法和乙烯水化法。实验室常用卤代烃的碱性水解法，另外醛、酮、羧酸都可还原得到醇。

醇的用途极广，既是有机合成工业的原料，也是用得最多最普遍的溶剂。含70%～75%乙醇的溶液可用来消毒，防腐；正十三醇是一种生理活性极强的植物生长调节剂，可提高种子的发芽率，促进茎叶生长；苯甲醇可用来镇痛和防腐；乙二醇是优良的抗冻剂也是合成涤纶的原料；甘油可用于治疗便秘、合成树脂，在化妆品工业和火药工业上也有很大用途；肌醇可用于治疗肝硬化、肝炎、脂肪肝以及胆固醇过高等疾病。

低分子醇常用作溶剂、抗冻剂、萃取剂等；高级醇如正十六醇可用作消泡剂、水库的蒸发阻滞剂。

烃 基

烃基是指烃分子（碳氢化合物）中少掉一个或几个氢原子而成的基团。从不同的烃类可以得到不同类型的烃基。从芳香烃核上少掉一个或几个氢原子而成的烃基称为芳烃基。芳烃基用一个通用的符号 Ar 表示。从脂肪烃分子中少一个或几个氢原子而成的烃基称为脂烃基。脂烃基用 R 表示。脂烃基还可以再分成烷基、烯基、炔基。烃基通常用 R 表示。烃基可分为一价基、二价基和三价基。

酚的性质、应用和对环境、人体的毒害

酚（phenol），通式为 ArOH，是芳香烃环上的氢被羟基（—OH）取代的一类芳香族化合物。最简单的酚为苯酚。依分子中羟基数分为一元酚、二元酚及多元酚；羟基在萘环上的称为萘酚，在蒽环上称为蒽酚。

与普通的醇不同，由于受到芳香环的影响，酚上的羟基（酚羟基）有弱酸性，酸性比醇羟基强，如苯酚自身在水中的部分电离，但酸性比碳酸弱，

不能使指示剂变色。酚可与强碱生成酚盐，如苯酚钠。易被氧化，在空气中白色的晶体酚易被氧化为红色或粉红色的醌。酚在溶液中与三氯化铁可形成配合物，并呈现蓝紫色，可以鉴定三氯化铁或酚。酚羟基的邻对位易发生各种亲电取代反应；酚羟基可发生烷基化及酰基化反应。酚一般可由芳烃磺化后经碱熔融制得；酚也可由卤代芳烃与碱在高温高压催化下反应制得；异丙苯氧化可制得苯酚与丙酮；由芳烃制成的格氏试剂与硼酸酯反应，经过氧酸氧化后水解可制得酚；1,3,5 – 三甲苯与1,2,3,5 – 四甲苯可与过氧三氟乙酸在低温 BF_3 与 CH_2Cl_2 中反应制得相应酚；芳烃与三氟醋酸铊反应，产物与醋酸高铅、三苯膦先后反应，在加 HCl 使铅、铊离子沉淀后加 NaOH 水解制得酚；芳香伯胺经重氮盐水解也可制得酚。

酚是重要的化工原料，可制造染料、药物、酚醛树脂、胶粘剂等。苯酚及其类似物可制作杀菌防腐剂。邻苯二酚、对苯二酚可作显影剂。

自然界存在有两千多种酚类化合物，它们是植物生命活动的产物，在植物生长发育、免疫、抗真菌、光合作用、呼吸代谢等生命活动中起重要作用。

酚是公认的有毒化学物质，一旦被人吸收就会蓄积在各脏器组织内，很难排出体外，当体内的酚达到一定量时就会破坏肝细胞和肾细胞，造

工业显影图片

成慢性中毒，使人出现不同程度的头昏、头痛、皮疹、精神不安、腹泻等症状。权威的《化学试剂目录手册》特别强调，"酚接触皮肤或吞入时有毒，应防止儿童接近。"酚污染会给生态系统带来很大危害。

环境酚污染主要来自焦化厂、煤气发生站、炼油、木材防腐、绝缘材料的制造、制药、造纸以及酚类化工厂的废水、废气。酚类化合物挥发到空气中可使大气受污染，含酚的废水流入农田会使土壤受污染，流入地下则会造

成地下水污染。被酚污染的土壤会使农作物减产或枯死；水体酚污染会使水生生物受到抑制，繁殖下降，生长变慢，严重时导致死亡。酚侵入人体，会与细胞原浆中蛋白质结合形成不溶性蛋白，使细胞失去活性。酚对神经系统、泌尿系统、消化系统均有毒害作用。

具有煤油味的鱼是因为被酚类化学物质污染

中国规定最高允许浓度：饮用水中挥发酚：0.002 毫克/升；地面水中挥发酚：0.010 毫克/升；渔业水体挥发酚：0.005 毫克/升；居住区大气一次测定值最高限：0.02 毫克/米^3；废水排放限度：0.5 毫克/升。

吸入高浓度酚蒸气可引起头痛、头昏、乏力、视物模糊、肺水肿等表现。误服可引起消化道灼伤，出现烧灼痛，呼出气带酚气味，呕吐物或大便可带血，可发生胃肠道穿孔，并可出现休克、肺水肿、肝或肾损害。一般可在 48 小时内出现急性肾衰竭，血及尿酚量增高；皮肤灼伤，初期为无痛性白色起皱，继而形成褐色痂皮，常见浅Ⅱ度灼伤。酚可经灼伤的皮肤吸收，经一定潜伏期后出现急性肾衰竭等急性中毒表现。若眼接触，可致灼伤。

若急性中毒，应立即脱离现场至新鲜空气处。皮肤污染后立即脱去被污染的衣着，用大量流动清水冲洗至少 20 分钟；面积小也可先用 50% 酒精擦拭创面或用甘油、聚乙二醇或聚乙二醇和酒精混合液（7:3）涂抹皮肤后立即用大量流动清水冲洗，再用饱和硫酸钠溶液湿敷。口服者给服植物油 15 ~ 30 毫升，催吐，后温水洗胃至呕吐物无酚气味为止，再给服硫酸钠 15 ~ 30 毫克。消化道已有严重腐蚀时勿用上述处理。早期则给氧，合理应用抗生素。防治肺水肿、肝、肾损害等对症，支持治疗。糖皮质激素的应用视灼伤程度及中毒病情而定。病情（包括皮肤灼伤）严重者需早期应用透析疗法排毒及防治肾衰。口服者需防治食道瘢痕收缩致狭窄。眼接触：用生理盐水、冷开水或清水至少冲洗 10 分钟。

醛的分类、命名、性质和应用

醛（aldehyde）：有机化合物的一类，是醛基和烃基（或氢原子）连接而成的化合物。

醛的通式为 R—CHO，—CHO 为醛基。醛基是羰基和 1 个氢连接而成的基团。

醛有 3 种分类标准。按照烃基的不同，醛可分为脂肪醛和芳香醛。芳香醛的醛基直接连在芳香环上。按照醛基的数目，醛可以分为一元醛、二元醛和多元醛。按烃基是否饱和，可以分为饱和醛、不饱和醛。

醛的命名标也有不同标准。通常采用的标准有以下几类。简单的醛常用普通命名法。芳香醛中芳基可作为取代基来命名。多元醛命名时，应选取含醛基尽可能多的碳链作主链，并标明醛基的位置和醛基的数目。不饱和醛的命名除醛基的编号应尽可能小以外，还要表示出不饱和键所在的位置。许多天然醛都有俗名，例如，肉

酚醛树脂

桂醛、茴香醛、视黄醛等（注：饱和一元脂肪醛的通式为 $C_nH_{2n}O$，分子式相同的醛、酮、烯醇互为异构体）。

甲醛与苯酚反应生成酚醛树脂。在氧化还原反应中，醛类被氧化则生成酸，被还原则生成醇。酚醛树脂也叫电木，又称电木粉。原为无色或黄褐色透明物，市场销售的往往加着色剂而呈红、黄、黑、绿、棕、蓝等颜色，有颗粒、粉末状。耐弱酸和弱碱，遇强酸发生分解，遇强碱发生腐蚀。不溶于

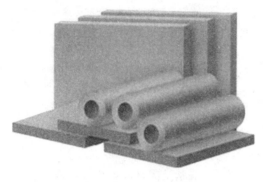

酚醛硬质泡沫塑料

水，溶于丙酮、酒精等有机溶剂中。酚醛树脂具有良好的耐酸性能、力学性能、耐热性能，广泛应用于防腐蚀工程、胶黏剂、阻燃材料、砂轮片制造等行业。主要用于生产压塑粉、层压塑料；制造清漆或绝缘、耐腐蚀涂料；制造日用品、装饰品；制造隔音、隔热材料；常见的高压电插座、家具塑料把手等。与其他树脂系统相比，酚醛树脂系统具有低烟低毒的优势。在燃烧的情况下，用科学配方生产出的酚醛树脂系统，将会缓慢分解产生氢气、碳氢化合物、水蒸气和碳氧化物。分解过程中所产生的烟相对少，毒性也相对低。这些特点使酚醛树脂适用于公共运输和对安全要求非常严格的领域，如矿山、防护栏和建筑业等。

在热固性塑料中，酚醛塑料是最古老的品种。它从1907年就开始生产，到现在已经有100多年的历史了。由于原料来源丰富，合成工艺简单，价格低廉，产品又具有优良的绝缘性能和耐酸能力，数十年来，产量仍能保持稳步上升。酚醛塑料常用于制造电器材

酚醛树脂泡沫塑料

料，如开关、灯头、耳机等，因此有"电木"之称。它还可以制造耐酸设备、纽扣、瓶盖、墨盒等。

在酚醛塑料中加入一定量的石棉，它就变成了另一种新的塑料，叫做石棉酚醛塑料。石棉酚醛塑料具有良好的耐火、耐磨性能，可以代替不锈钢、紫铜、铝等金属，作为耐化学腐蚀的结构材料；特别是在化学工业方面用途更广，可以制作化工设备和零件，如反应器、塔、管等。

　　增强酚醛塑料是以酚醛树脂（主要是热固性酚醛树脂）溶液或乳液浸渍各种纤维及其织物，经干燥、压制成型的各种增强塑料，是重要的工业材料。它不仅机械强度高、综合性能好，而且可进行机械加工。用玻璃纤维、石英纤维及其织物增强的酚醛塑料主要用于制造各种制动器摩擦片和化工防腐蚀塑料；高硅氧玻璃纤维和碳纤维增强的酚醛塑料是航天工业的重要耐烧蚀材料。酚醛涂料是以松香改性的酚醛树脂、丁醇醚化的酚醛树脂以及对叔丁基酚醛树脂、对苯基酚醛树脂，均与桐油、亚麻子油有良好的混溶性，是涂料工业的重要原料。前两者用于配制低、中级油漆，后两者用于配制高级油漆。

　　酚醛树脂的生产和使用会给环境带来一定程度的污染，影响整个生态环境，然而若注意或加强治理污染，包括废水处理和废旧酚醛树脂产品及其复合材料的循环利用，可使酚醛树脂健康而快速发展。

　　新酚树脂为高分子化合物，是由苯酚和芳烷基醚通过缩合反应而产生的。新酚树脂具有良好的力学性能、耐热性能，广泛应用于金刚石制品、砂轮片制造等行业。新酚树脂黏结力强，化学稳定性好，耐热性高，硬化时收缩小，制品尺寸稳定，黏结强度比酚醛树脂提高 20% 以上，耐热性提高 100℃ 以上。新酚树脂制品可在 250℃ 下长期使用，制品耐湿、耐碱。

　　新酚树脂可作为金刚石砂轮的结合剂，使用方法为：将新酚树脂与酚醛树脂按 1:3 混合使用，不仅提高了酚醛树脂的强度，还提高了耐热性和磨削比。如单独使用新酚树脂，砂轮的寿命是使用酚醛树脂时的 8 倍，在生产工艺上比酚醛树脂制品强度高出约 30%，磨削效果也有提高。

金刚石砂

羧酸的分类、命名、性质和应用

羧酸（RCOOH）是最重要的一类有机酸，是一类通式为 RCOOH 或 R（COOH）$_n$ 的化合物，式中 R 为脂烃基或芳烃基，分别称为脂肪（族）酸或芳香（族）酸。呈酸性，与碱成盐。一般与三氯化磷反应成酰氯；用五氧化二磷脱水，生成酸酐；在酸催化下与醇反应生成酯；与氨反应生成酰胺；用四氢化锂铝还原生成醇。可由醇、醛、不饱和烃、芳烃的侧链等氧化，或腈水解，或用格利雅试剂与干冰反应等方法制取。若用来源于动植物的油脂或蜡进行皂化，可获得 6~18 个碳原子的直链脂肪（族）酸。

羧酸广泛存在于自然界。根据与羧基相连的烃基的不同，可分为脂肪酸、芳香酸、饱和酸和不饱和酸等。根据分子中羧基数目不同，又可分为一元羧酸、二元羧酸和多元羧酸。由于脂肪酸是脂肪水解的产物，因而得名，是一类非常重要的化合物。一元饱和脂肪羧酸的通式为：$C_nH_{2n}O_2$。

一般简单的羧酸按普通命名法命名，选含有羧基的最长碳链为主链，取代基的位置，从羧基邻接的碳原子开始，用希腊字母 a、β、γ、δ 等依次标明；芳香酸当做苯甲酸的衍生物来命名；比较复杂的羧酸按国际命名法命名，选含有羧基的最长碳链为主链，从羧基碳原子开始编号，再加取代基的名称和位置；脂肪族二元羧酸的命名，取分子中含有两个

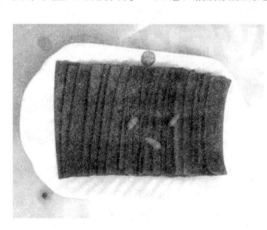

海产品中富含 ψ-3 脂肪酸，其具有抗衰老作用

羧基的最长碳链作为主链，加取代基的名称和位置。

低级脂肪酸 $C_1 \sim C_3$ 是液体，具有刺鼻的气味，溶于水。中级脂肪酸 $C_4 \sim$ C_{10} 也是液体，具有难闻的气味，部分溶于水。高级脂肪酸是蜡状固体，无味，不溶于水。二元脂肪酸和芳香酸都是结晶固体，芳香酸在水中溶解度较小，可于水中重结晶，饱和二元羧酸除高级同系物外，都易溶于水和乙醇。羧酸的沸点比分子量相近的醇的沸点高。直链饱和一元羧酸和二元羧酸的熔点随碳原子数目增加而呈锯齿状上升，含偶数碳原子羧酸的熔点高于邻近 2 个含奇数碳原子的羧酸。

羧酸最显著的性质是酸性。羧酸是一种弱酸，其酸性比碳酸强。羧酸能与金属氧化物或金属氢氧化物形成盐。羧酸的碱金属盐在水中的溶解度比相应羧酸大，低级和中级脂肪酸碱金属盐能溶于水，高级脂肪酸碱金属盐在水中能形成胶体溶液，肥皂就是长链脂肪酸钠。

低级脂肪酸是重要的化工原料，例如纯乙酸可制造人造纤维、塑料、香精、药物等。高级脂肪酸是油脂工业的基础。二元羧酸广泛用于纤维和塑料工业。某些芳香酸如苯甲酸、水杨酸等都具有多种重要的工业用途。

人们所需的脂肪酸有 3 类：多元不饱和脂肪酸、单元不饱和脂肪酸和饱和脂肪酸。我们常用的食用油通常都含人体需要的三种脂肪酸。机体内的脂肪酸大部分来源于食物，为外源性脂肪酸，在体内可通过改造加工被机体利用。同时机体还可以利用糖和蛋白转变为脂肪酸，称为内源性脂肪酸，用于甘油三酯的生成，贮存能量。合成脂肪酸的主要器官是肝脏和哺乳期乳腺，另外脂肪组织、肾脏、小肠均可以合成脂肪酸，合成脂肪酸的直接原料是乙酰 CoA，消耗 ATP 和 NADPH，首先生成十六碳的软脂酸，经过加工生成机体各种脂肪酸，合成在细胞质中进行。动物油、椰子油和棕榈油的主要成分是饱和脂肪酸，而多元不饱和脂肪酸的含量很低。心脏病人舍弃动物性饱和油后，可从植物油中摄取植物性饱和油。

橄榄油、菜籽油、玉米油、花生油的单元不饱和脂肪酸含量较高。人体需要的三种脂肪酸中，以单元不饱和脂肪酸的需要量最大，玉米油、橄榄油可作这种脂肪酸的重要来源。

葵花油、粟米油、大豆等植物油和海洋鱼类中含的脂肪多为多元不饱和脂肪酸。三种脂肪酸中，多元不饱和脂肪酸最不稳定，在油炸、油炒或油煎

植物油也会发胖

的高温下，最容易被氧化变成毒油。而偏偏多元不饱和脂肪酸又是人体细胞膜的重要原料之一。在细胞膜内也有机会被氧化，被氧化后，细胞膜会丧失正常机能而使人生病。故即使不吃动物油而只吃植物油，吃得过量，也一样会增加得大肠乳癌、直肠癌、前列腺癌或其他疾病的机会。

高油脂食物是人们得癌症的重要原因之一，而癌症又是人类死亡的主要原因之一。随着人们物质的富裕，大家的脂肪摄入量也正在逐年增加，预期在往后几十年里，人们得癌症的可能性也将逐年增加。癌症的形成需要 15 ~ 45 年，过程非常缓慢，以前癌症都发生在中老年人身上，现在已有年轻化的迹象。所以我们要从现在起就养成少吃油脂的习惯，让自己现在苗条，将来健康。

世界最好的植物油野茶

常见生物体有机物概述

CHANGJIAN SHENGWUTI YOUJIWU GAISHU

　　生物体中的有机物跟人类关系最为密切。蛋白质是一种复杂的有机化合物，它是生命的物质基础，是人类及所有动物赖以生存的营养要素，是细胞组织的重要组成部分，可以说没有蛋白质就没有生命。核酸是生物体内的高分子化合物，是一种对有机体最重要的生命物质，至今还没有发现有蛋白质而没有核酸的物质，但在有生命的病毒研究中，却发现了病毒以核酸为主体，蛋白质和脂肪等只不过充其外壳，作为与外界环境的界限而已。还有数量虽少，但却对人体健康有重大影响的维生素，此外，糖类、脂类都是非常重要的生物体有机物。

糖类的分布、分类、功能

　　糖类是自然界中广泛分布的一类重要的有机化合物，主要由碳、氢、氧三种元素构成。糖类是生物体的基本营养物质和重要的组成成分，在自然界中分布极广，几乎所有的动物、植物、微生物的体内都有它，尤以存在于植物体内的为最多，约占植物干重的80%。在植物体内，构成根、茎、叶骨架的主要成分是纤维素多糖。在植物种子或果实里的主要储存物质，如淀粉、

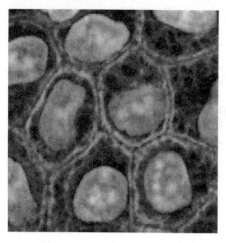

细　胞

蔗糖、葡萄糖、果糖等都是糖类。在动物血液中的血细胞内，也有葡萄糖或由葡萄糖等单糖缩合成的多糖存在，在肝脏、肌肉里的多糖是糖原。人和动物的组织器官中所含的糖类，不超过身体干重的 2%。微生物体内的含糖量约占身体干重的 10% ~ 13%，其中有的糖呈游离状态，有的是与蛋白质、脂肪结合成复杂的多糖，这些糖一般存在于细胞壁、黏液或荚膜中，也有的形成糖原或类似淀粉的多糖存在于细胞质中。糖类在生命活动过程中起着重要的作用，是一切生命体维持生命活动所需能量的主要来源。

糖类化合物包括单糖、单糖的聚合物及衍生物。糖类物质是多羟基醛或酮，据此可分为醛糖（aldose）和酮糖（ketose）。单糖是由多羟醛或多羟酮及它们的环状半缩醛或衍生物组成，单糖分子都是带有多个羟基的醛类或者酮类。多糖则是单糖缩合的多聚物。分子通式：$C_m(H_2O)_n$。然而，符合这一通式的不一定都是糖类，是糖类也不一定都符合这一通式。糖还可根据碳原子数分为丙糖（triose）、丁糖（terose）、戊糖（pentose）、己糖（hexose）。最简单的糖类就是丙糖（甘油醛和二羟丙酮）。由于绝大多数的糖类化合物都可以用通 $C_m(H_2O)_n$ 表示，所以，过去人们一直认为糖类是碳与水的化合物，称为碳水化合物。现在已经发现这种称呼并不恰当，只是沿用已久，仍有许多人称之为碳水化合物。

单糖分子模型

糖还可根据结构单元数目多少分为：（1）单糖（monosaccharide）：不能被水解成更小分子的糖。（2）寡糖（disaccharide）：2~6个单糖分子脱水缩合而成，以双糖最为普遍，意义也较大。（3）多糖（polysaccharide）：均一性多糖如淀粉、糖原、纤维素、半纤维素、几丁质（壳多糖）；不均一性多糖如糖胺多糖类（透明质酸、硫酸软骨素、硫酸皮肤素等）。（4）结合糖（复合糖，糖缀合物，glycoconjugate）：糖脂、糖蛋白（蛋白聚糖）、糖-核苷酸等。（5）糖的衍生物：糖醇、糖酸、糖胺、糖苷。

在世界早期制糖史上，中国和印度占有重要地位。这两个国家是世界上最早的植蔗国，也是两大甘蔗制糖发源地。甘蔗制糖最早见于记载的是公元前300年的印度的《吠陀经》和中国的《楚辞》。在中国，最早记载甘蔗种植的是东周时代。公元前4世纪的战国时期，已有对甘蔗初步加工的记载。屈原的《楚辞·招魂》中有这样的诗句："腼鳖炮羔，有柘浆些。"这里的"柘"即是蔗，"柘浆"是从甘蔗中取得的汁，说明战国时代，楚国已能对甘蔗进行原始加工。

糖类的功能有以下几点。①糖类是生物体的主要能源和碳源物质：糖类物质可以通过分解而放出能量，这是生命活动所必需的。糖类还可以为生物体合成其他化合物（如某些氨基酸、核苷酸、脂肪酸等）提供碳原子和碳链骨架，构成组织和细胞的成分。②糖类与生物体的结构有关：纤维素和壳多糖都不溶于水，有平坦伸展的带状构象，堆

甘 蔗

砌得很紧密，所以它们彼此之间的作用力很强，适于作强韧的结构材料。纤维素是植物细胞壁的主要成分。壳多糖是昆虫等生物体外壳的主要成分。细菌的细胞壁由刚性的肽聚糖组成，它们保护着质膜免受机械力和渗透作用的损伤。细菌的细胞壁还使细菌具有特定的形状。③糖类是储藏的养料：糖类

以颗粒状态储存于细胞质中，如植物的淀粉、动物的肝脏和肌肉中的糖原。④糖类是细胞通讯识别作用的基础：细胞表面可以识别其他细胞或分子，并接受它们携带的信息，同时细胞表面也通过表面上的一些大分子来表示其本身的活性。细胞与细胞之间的相互作用，是通过一些细胞表面复合糖类中的糖和与其互补的大分子来完成的。⑤糖类具有润滑保护作用：黏膜分泌的黏液中有黏稠的黏多糖，可以保护润滑的表面。关节腔的滑液就是透明质酸经过大量水化而形成的黏液。

糖是人体三大主要营养素之一，是人体热能的主要来源。糖供给人体的热能约占人体所需总热能的 60% ~70%，除纤维素以外，一切糖类物质都是热能的来源。糖是人类赖以生存的重要物质之一。糖的主要功能是提供热能。每克葡萄糖在人体内氧化产生 4000 卡（1 卡 = 4.1868 焦）能量，人体所需要的 70% 左右的能量由糖提供。此外，糖还是构成组织和保护肝脏功能的重要物质。糖包括蔗糖（红糖、白糖、砂糖、黄糖）、葡萄糖、果糖、半乳糖、乳糖、麦芽糖、淀粉、糊精和糖原棉花糖等。在这些糖中，除了葡萄糖、果糖和半乳糖能被人体直接吸收外，其余的糖都要在体内转化为葡萄糖后，才能被吸收利用。

糖 果

糖是自然界中最丰富的有机化合物。糖类主要以各种不同的淀粉、糖、纤维素的形式存在于粮、谷、薯类、豆类以及米面制品和蔬菜水果中。在植物中约占其干物质的 80%；在动物性食品中糖很少，约占其干物质的 2%。

然而食糖过量或不当也会给人体带来危害。吃糖过多可影响体内脂肪的消耗，造成脂肪堆积；吃糖过多，还可以影响钙质代谢。有些学者认为吃糖量如果达到总食量的 16% ~18%，就可使体内钙质代谢紊乱，妨碍体内的钙化作用。据日本一项调查表明，小儿骨折率有所增加——他们认为糖过多是造成骨折的重要原因。

吃糖过多，会使人产生饱腹感，食欲不佳，影响食物的摄入量，进而导致多种营养素的缺乏。儿童长期高糖饮食，直接影响儿童骨骼的生长发育，导致佝偻病等。儿童如果多吃糖又不注意口腔卫生，则为口腔的细菌提供了生长繁殖的良好条件，容易引起龋齿和口腔溃疡。有些专家认为，糖比烟和含酒精的饮料对人体的危害还要大。世界卫生组织调查发现，食糖摄入过多会导致心脏病、高血压、血管硬化症及脑出血、糖尿病等。长期高糖饮食，会使人体内环境失调，进而给人体健康造成种种危害。由于糖属酸性物质，吃糖过量会改变人体血液的酸碱度，呈酸性体质，减弱人体白细胞对外界病毒的抵御能力，使人易患各种疾病。长期嗜好甜食的人，容易引发多种眼病。有关专家还提出老年性白内障与甜食过多也有关。他们调查了 50 例白内障患者，发现其中有 34% 的患者有酷爱甜食的习惯，他们认为，这与葡萄糖代谢障碍有关。哈佛等大学的科学家发现，肥胖大都是吃糖和淀粉吃出来的。我们通常说的“糖”是指单糖（葡萄糖和果糖）和双糖（蔗糖、麦芽糖和乳糖等），有甜味。其实淀粉也是糖，是多糖，但在体内它会很快分解成单糖，进入血液后变成血糖，刺激胰岛素分泌，把未燃烧的糖转化为脂肪储藏起来。这个过程将同时令血糖水平下降和营养素减少，产生饥饿感。也就是说，吃糖和淀粉会增加食量和脂肪积累，减少营养素和代谢效率。

因此适量食糖，对人类来说是至关重要的。适当食用白糖有助于提高机体对钙的吸收，但过多就会妨碍钙的吸收。冰糖养阴生津，润肺止咳，对肺燥咳嗽、干咳无痰、咳痰带血都有很好的辅助治疗作用。红糖虽杂质较多，但营养成分保留较好。它具有益气、缓中、助脾化食、补血破瘀等功效，还兼具散寒止痛作用。所以，妇女因受寒体虚所致的痛经等症或是产后喝些红糖水往往效果显著。红糖对老年体弱，特别是大病初愈的人，还有极好的疗虚进补作用。另外，红糖对血管硬化能起一定预防作用，且不易诱发龋齿等牙科疾病。

知识点

果　糖

果糖是一种单糖，并且是最甜的单糖，含6个碳原子，是葡萄糖的同分异构体，它以游离状态大量存在于水果的浆汁和蜂蜜中。果糖能与葡萄糖结合生成蔗糖。纯净的果糖为无色晶体，熔点为103～105℃，不易结晶，通常为黏稠性液体，易溶于水、乙醇和乙醚。果糖广泛用于食品工业，如制糖果、糕点、饮料等。利用蔗糖可以生产果糖，方法如下：用稀盐酸使蔗糖发生水解反应，产生果糖和葡萄糖的混合溶液。加入氢氧化钙使果糖和氢氧化钙形成不溶性化合物，从水溶液中过滤分离出来。再通入二氧化碳气体，使氢氧化钙与二氧化碳作用，生成溶解度很小的碳酸钙，然后过滤掉碳酸钙，蒸发水分即可得到果糖的结晶体。

▊▊ 麦芽糖的性质与应用

近年来风靡食品行业的益生元、益生菌，实际上就是麦芽糖的一种——低聚异麦芽糖，许多食品中含此营养物质，如雅客 V_9 维生素糖果、蒙牛益生菌牛奶、叶原坊麦芽加应子、优之元儿童益生菌营养片等，并都借此概念在市场上获得不小成功。

麦芽糖是2个糖分子以a糖苷键缩合而成的双糖。它是饴糖的主要成分，由含淀粉酶的麦芽作用于淀粉而制得。常用作营养剂，也供配制培养基用。麦芽糖可以制成结晶体，用作甜味剂，但甜味只达到蔗糖的1/3。麦芽糖是一种廉价的营养食品，容易被人体消化

雅客 V_9 维生素糖果

和吸收。麦芽糖分子结构中有醛基，是具有还原性的一种还原糖。因此，可以与银氨溶液发生银镜反应，也可以与新制碱性氢氧化铜反应生成砖红色沉淀。可以在一定条件下水解，生成 2 分子葡萄糖。一分子水的结晶麦芽糖 102～103℃熔融并分解，易溶于水，微溶于乙醇，是还原性二糖，有醛基，能发生银镜反应，也能与班氏试剂（用硫酸铜、碳酸钠或苛性钠、柠檬酸钠等溶液配制）共热生成砖红色氧化亚铜沉淀。能使溴水褪色，被氧化成麦芽糖酸，用作食品、营养剂等。由淀粉水解制取，一般用麦芽中的酶与淀粉糊混合在适宜温度下发酵而得。

蔗　糖

蔗糖是人类基本的食品添加剂之一，为有机化合物，无色晶体，是光合作用的主要产物，广泛分布于植物体内，甜菜、甘蔗和水果中蔗糖含量极高。白糖、红糖都属于蔗糖。蔗糖极易溶于水，其溶解度随温度的升高而增大。还易溶于苯胺、氮苯、乙酸乙酯、乙酸戊酯、熔化的酚、液态氨、酒精与水的混合物及丙酮与水的混合物，但不能溶于汽油、石油、无水酒精、三氯甲烷、四氯化碳、二硫化碳和松节油等有机溶剂。以蔗糖为主要成分的食糖根据纯度由高到低有如下排列：冰糖、白砂糖、绵白糖和赤砂糖（也称红糖或黑糖）。

▓▓▓ 脂类的性质、分类和人体对脂类的利用

由脂肪酸和醇作用生成的酯及其衍生物统称为脂类，这是一类一般不溶于水而溶于脂溶性溶剂的化合物。不溶于水而能被乙醚、氯仿、苯等非极性有机溶剂抽提的化合物，统称脂类。脂类是机体内的一类有机大分子物质，它包括的范围很广，其化学结构有很大差异，生理功能各不相同，其共同物理性质是不溶于水而溶于有机溶剂，在水中可相互聚集形成内部疏水的聚

蜂 蜡

集体。

一般，我们将脂类分为油脂（甘油三酯）和类脂（磷脂、蜡、萜类、甾类）。

但按其化学组成细分，可划分单纯脂、复合脂、脂的前体及衍生物、结合脂4类。

（1）单纯脂：脂肪酸与醇脱水缩合形成的化合物。如蜡是高级脂肪酸与高级一元醇，幼植物体表覆盖物，叶面，动物体表覆盖物，蜂蜡。甘油酯是高级脂肪酸与甘油最多的脂类。

（2）复合脂：单纯脂加上磷酸等基团产生的衍生物，如磷脂：甘油磷脂（卵、脑磷脂）、鞘磷脂（神经细胞丰富）。

（3）脂的前体及衍生物又分为：萜类和甾类及其衍生物，即不含脂肪酸，都是异戊二烯的衍生物。衍生脂，即上述脂类的水解产物，包括脂肪酸及其衍生物、甘油、鞘氨醇等，如高级脂肪酸、甘油、固醇、前列腺素。

（4）结合脂：脂与其他生物分子形成的复合物。又包括糖脂，即糖与脂类以糖苷键连接起来的化合物（共价键），如霍乱毒素。脂蛋白，即脂类与蛋白质非共价结合的产物。如血中的几种脂蛋白，VLDL、LDL、HDL、VHDL是脂类的运输方式。

松香甘油酯

正常人一般每日每人从食物中消化的脂类，其中甘油三酯占到90%以上，除此以外还有少量的磷脂、胆固醇及其酯和一些游离脂肪酸。食物中的脂类在成人口腔和胃中不能被消化，这是由于口腔中没有消化脂类的酶，胃中虽有少量脂肪酶，但此酶只有在中性 pH 值时才有活性，因此在正常胃液中此酶几乎没有活性（但是婴儿时期，胃酸浓度低，胃中 pH 值接近中性，脂肪尤其是乳脂可被部分消化）。脂类的消化及吸收主要在小肠中进行，首先在小肠上段，通过小肠蠕动，由胆汁中的胆汁酸盐使食物脂类乳化，使不溶于水的脂类分散成水包油的小胶体颗粒，提高溶解度增加了酶与脂类的接触面积，有利于脂类的消化及吸收。在形成的水油界面上，分泌入小肠的胰液中包含的酶类，开始对食物中的脂类进行消化，这些酶包括胰脂肪酶、辅脂酶、胆固醇酯酶和磷脂酶 A2。

食物中的脂肪乳化后，被胰脂肪酶催化，水解甘油三酯的 1 和 3 位上的脂肪酸，生成 2 – 甘油一酯和脂肪酸。此反应需要辅脂酶协助，将脂肪酶吸附在水界面上，有利于胰脂酶发挥作用。食物中的磷脂被磷脂酶 A2 催化，在第 2 位上水解生成溶血磷脂和脂肪酸，胰腺分泌的是磷脂酶 A2 原，是一种无活性的酶原，在肠道被胰蛋白酶水解释放一个 6 肽后成为有活性的磷脂酶 A 催化上述反应。食物中的胆固醇酯被胆固醇酯酶水解，生成胆固醇及脂肪酸。食物中的脂类经上述胰液中酶类消化后，生成甘油一酯、脂肪酸、胆固醇及溶血磷脂等，这些产物极性明显增强，与胆汁乳化成混合微团。这种微团体积很小（直径 20 纳米），极性较强，可被肠黏膜细胞吸收。

脂类的吸收主要在十二指肠下段和盲肠。甘油及中短链脂肪酸（≤10C）无需混合微团协助，直接被吸收入小肠黏膜细胞后，进而通过门静脉进入血液。长链脂肪酸及其他脂类消化产物随微团吸收入小肠黏膜细胞。长链脂肪酸在脂酰 CoA 合成酶催化下，生成脂酰 CoA，此反应消耗 ATP。脂酰 CoA 可在转酰基酶作用下，将甘油一酯、溶血磷脂和胆固醇酯化生成相应的甘油三酯、磷脂和胆固醇酯。体内具有多种转酰基酶，它们识别不同长度的脂肪酸催化特定酯化反应。这些反应可看成脂类的改造过程，在小肠黏膜细胞中，生成的甘油三酯、磷脂、胆固醇酯及少量胆固醇，与细胞内合成的载脂蛋白构成乳糜微粒，通过淋巴最终进入血液，被其他细胞所利用。可见，食物中的脂类的吸收与糖的吸收不同，大部分脂类通过淋巴直接进入体循环，而不通过肝脏。因此，食物中脂类主要被肝外组织利用，肝脏利用的外源脂类是很少的。

脂类的水解产物，如脂肪酸、甘油一酯和胆固醇等，都不溶解于水。它们与胆汁中的胆盐形成水溶性微胶粒后，才能通过小肠黏膜表面的静水层而到达微绒毛上。在这里，脂肪酸、甘油一酯等从微胶粒中释出，它们通过脂质膜进入肠上皮细胞内，胆盐则回到肠腔。进入上皮细胞内的长链脂肪酸和甘油一酯，大部分重新合成甘油三酯，并与细胞中的载脂蛋白合成乳糜微粒，若干乳糜微粒包裹在一个囊泡内。当囊泡移行到细胞侧膜时，便以出胞作用的方式离开上皮细胞，进入淋巴循环，然后归入血液。中、短链甘油三酯水解产生的脂肪酸和甘油一酯是水溶性的，可直接进入门静脉而不入淋巴。

脂类的营养价值

脂类具有很高的营养价值。脂类的营养价值评估可从脂肪消化率、必需脂肪酸含量和脂源性维生素三个方面衡量。

脂肪的消化率

主要决定于其熔点，而熔点又与其低级脂肪酸及不饱和脂肪酸的含量有关。这些脂肪酸含量越高，熔点越低，越易消化，故比较起来植物油和奶油更易消化。熔点低于体温的脂肪消化率可高达97%~98%，高于体温的脂肪消化率约为90%。

必需脂肪酸含量

由于必需脂肪酸在人体中具有重要的生理功能，而人体又不能合成，必须从食物中获取，因而，必需脂肪酸的含量是衡量油脂营养价值的重要依据。现在人们认为有2种不饱和脂肪酸为必需脂肪酸，它们是亚油酸和α-亚麻酸。在它们的脂肪酸长链中分别含有两三个不饱和双键，故都属于多不饱和脂肪酸。

脂溶性维生素的含量

一般脂溶性维生素含量高的脂肪营养价值较高。动物的贮存脂肪几乎不含脂溶性维生素，而器官脂肪含量多，其中肝脏含维生素 A、维生素 D 很丰富，特别是某些海产鱼的肝脏脂肪维生素含量更多。奶和蛋类脂肪含维生素 A、维生素 D 亦较丰富。植物油不含维生素 A 和维生素 D，但含维生素 E，特别是谷类种子的胚油含维生素 E 更为突出。

富含脂肪的食物

食物名称	脂肪含量（%）
纯油脂：牛油、羊油、猪油、花生油、芝麻油、豆油	90 ~ 100
各种肉类：牛肉、羊肉、猪肉	10 ~ 50
蛋类	6 ~ 30
乳类及其制品	2 ~ 90
硬果类：榛子、核桃、花生、葵花子	30 ~ 60
黄豆类	12 ~ 20
腐竹	24

动物油与植物油的利弊

近年来，医学界、营养界一再倡导："尽可能食用不饱和脂肪酸，且来自饱和脂肪酸的热量，不要超出总热量的 10%。"我们先来比较一下动物油与植物油的营养构成：

动物油	植物油
主要含饱和脂肪酸	主要含不饱和脂肪酸
主要含维生素 A、维生素 D，与人的生长发育有密切关系	主要含维生素 E、维生素 K，与血液、生殖系统功能关系密切
含较多胆固醇，它有重要的生理功能。在中老年血液中含量过高，易得动脉硬化、高血压等疾病	不含胆固醇，含植物固醇，它不能被人体吸收。阻止人体吸收胆固醇

根据以上两种油的特点，您可以选择食用。对于中老年人以及有心血管病的人来说，要以植物油为主，少吃动物油，更有利于身体健康；对于正在生长

发育的青少年来说，则不必过分限制动物油。植物油也要限量：植物油是不饱和脂肪，如果吃得过多，很容易在人体内被氧化成过氧化脂。而过氧化脂在体内积存能引起脑血栓和心肌梗塞等病症。据科学测定，每人每天吃 7~8 克植物油就足够身体所需了，另外适当吸收一点动物的脂肪，对人体健康有益。

要注意用香油：香油以芝麻为原料，不仅味香、营养丰富，而且我们祖先很早以前就用芝麻作为良药，来治疗某些疾病。经研究发现：香油中含有的亚油酸、棕榈酸和花生四烯酸等不饱和脂肪酸达 6%，这些物质能有效地防止动脉粥样硬化和预防心血管疾病。香油里还含有丰富的维生素 E。动物实验证明：维生素 E 能延长寿命 15%~75%。因此，香油不仅可提供热量和一般的营养，而且还有抗衰老和延年益寿的作用。所以有条件的话，不妨多食用香油。

非极性溶剂

溶剂通常分为两大类，一类是极性溶剂，另一类就是非极性溶剂。极性溶剂能够溶解离子化合物以及能离解的共价化合物，而非极性溶剂则只能够溶解非极性的共价化合物。非极性溶剂也称惰性溶剂，是由非极性分子溶液组成的溶剂，非极性分子（原子间以共价键结合，分子里电荷分布均匀，正负电荷中心重合的分子）多由共价键构成，无电子或电子活性很小。非极性溶剂多是饱和烃类或苯等一类化合物，如苯、四氯化碳、二氯乙烷等。

维生素的发现和对人体健康的影响

在很久以前，人类就发现坏血病、脚气病、佝偻病等疾病似乎都与饮食有关系。中国在公元前 2600 年就已经知道脚气病了，这种病的特征就是消瘦和下肢麻木。原因是只吃一种食物，主要是只吃精米造成的。据日本海军部统计，1806 年全日海军官兵有 5000 人，而患脚气病的就有 2000 多人，超过

40%；1885 年，有一艘周游世界的日本舰，全舰共 376 人，竟有 169 人患脚气病，其中 25 人死亡。对于坏血病的记载就更多了：从公元 13 世纪到公元 16 世纪，欧洲出洋贸易的船员大批地因患坏血病而客死异乡。有一次，一只西班牙帆船在海上漂浮，全体船员最后都因坏血病而死去了。1498 年，一艘商船绕好望角航行时，160 名船员中有 100 人死于坏血病。像英国这样的海上岛国，在 1593 年一年间，死于坏血病的海员竟超过 1 万人。有些船队的海员在途中幸运地得到印第安人的启发，服用桧树叶煎的汁而治好了坏血病。后来人们还发现只要能吃到新鲜的绿色蔬菜或是橘子和柠檬，就不会再患坏血病。

直到 20 世纪初，人们才了解到：在我们的食物中，除了已知的糖类、脂类、蛋白质外，还有一类含量很少，但作用却很重要的物质——维生素，这是一类维持人类生命所必需的营养成分。维生素又名维他命，是维持人体生命活动必需的一类有机物质，也是保持人体健康的重要活性物质。维生素在体内的含量很少，但在人体生长、代谢、发育过程中却发挥着重要的作用。

1912 年标志着维生素发展的开始，波兰化学家芬克提出"维生素"。近百年来，无数科学家的潜心研究使这一领域获得了丰硕的成果。人体犹如一座庞大复杂的化工厂，不断地进行着各种生化反应。这些生化反应都是在酶的催化下完成的。而酶要完成催化功能，必须有其他物质的辅助才行，这类物质称为"辅酶"。大多数维生素本身就是这类辅酶或者是辅酶的重要组成部分。所以，一般认为维生素是维持机体正常代谢和机能所必需的一类低分子化合物，是人体六大营养要素（糖、脂类、蛋白质、水、无机盐、维生素）之一，大部分必须从食物中摄取，只有少数维生素可在体内或者由肠道细菌产生。至今得到全世界公认的维生素有 14 种，有些可以溶解在脂肪中，有些溶解在水中而不溶解于脂肪。根据这一性质，这 14 种维生素被分为脂溶性维生素和水溶性维生素 2 大类。

脂溶性维生素：

维生素 A、维生素 D、维生素 E、维生素 K

水溶性维生素（包括 B 属维生素和维生素 C）：

B 族维生素：维生素 B_1、维生素 B_2、泛酸、烟酸、维生素 B_4、维生素 B_6、生物素、叶酸、维生素 B_{12}

维生素食物来源

最早的维生素发现是在1922年，柯勒姆分离出了维生素 A 和维生素 D。

维生素 A 存在于动物体的脂肪内，具有维生素 A 活性的主要天然食物是乳制品、禽蛋类、动物肝脏和有颜色的蔬菜，如红辣椒、胡萝卜、菠菜、苜蓿等。因为植物体内的胡萝卜素可以被小肠壁转变为维生素 A，所以它们被认为是维生素 A 的前身，具有维生素 A 的生理活性，通常有色植物比无色植物体内的含量多。

维生素 A 在人体内可以合成视紫红质，这种物质存在于我们视网膜的细胞内，同弱光环境下的视觉有关。缺乏维生素 A 时，视紫红质合成就会减慢，甚至不能合成，这样在黄昏光线暗时就看不清东西，称为夜盲症。中国古代民间治疗夜盲症，只要用清水煮动物的肝脏，连肝带汤吃下去，效果很好。或者多吃些绿色蔬菜，同样有效。

维生素 A 还是维持人体上皮组织健康所必需的物质。缺乏时，皮肤、呼吸道黏膜会变得干燥、角质化，抵抗微生物的能力降低，容易感染疾病，如感冒、支气管炎等；泪腺上皮也会角质化，分泌泪液减少，眼睛发干，产生干眼病。

正常成人每天需要的维生素 A 量为 2500 国际单位。如果超过这一标准，维生素 A 就会在体内累积而出现中毒症状。所以，不能盲目地过多补加维生素 A。

英国是最早进行工业革命的国家。17—18 世纪，在各大城市已是高楼大厦凌空而立，工厂烟囱鳞次栉比，喷吐着浓烟。有时，甚至整个"雾都"变成了"烟都"。随之而来的是一种以前少见的奇怪疾病，得这种病的大多数是儿童。他们的身体畸形，头又方又大，胸部突出就像鸡一样，两腿弯弯，走起路来歪歪扭扭，这就是医学上所说的"佝偻病"。佝偻病是一种全身性的疾病，严重的话会出现全身惊厥，并发肺炎、肝脾肿大、腹泻、贫血等症状，甚至引起死亡。1870 年，伦敦有 1/3 儿童患有严重的佝偻病，曼彻斯特有 40% 儿童患病。到 1920 年，英国政府调查发现：在初等学校中还有 30% 的儿童患有不同程度的佝偻病。而在阳光充足的埃及，佝偻病却很少发生。鉴于这种情形，有人认为：佝偻病的发病原因在于患者缺乏光照。而后又有人发现，如果给患病的小狗每天服用一小匙鱼肝油，小狗即使不

光　照

晒太阳，佝偻病也会很快痊愈，其他动物实验的情况同样如此。这说明鱼肝油和太阳光具有相同的治疗能力，也许佝偻病就是因为缺乏某种营养造成的。

实际上，在光照和补充营养这两种方法中，都有一种重要的物质在起作用，这种物质就是维生素 D。维生素 D 含量最多的是鱼类肝脏和鱼体的脂肪。植物体内的麦角固醇（VD_2）、动物体内的 7 – 脱氢胆固醇经紫外光照射均能转变为维生素 D。维生素 D_2、维生素 D_3 是 10 多种维生素 D 中最重要的两种。食用鱼肝油可直接补充维生素 D，而多晒太阳，则可利用人体内原有的 7 – 脱氢胆固醇在紫外光的照射下合成维生素 D。经测定，成人晒一天太阳合成的维生素 D_3，相当于口服 10000 国际单位的维生素 D 量，超过每日生理需要量的 100 倍。上述两种方法都能有效地防止和治疗佝偻病。

维生素 D 能促进肠道对钙、磷的吸收，使血液中钙和磷的浓度增加，有利于促进骨组织的钙化和生长。成人缺乏维生素 D 则可引起骨质软化症，小儿缺乏则会产生佝偻病。成人每天需要量为 100 国际单位。长期大量服用维

生素 D 也会出现中毒现象。

就在柯勒姆分离出维生素 A 和维生素 D 的同一年——1922 年，伊万斯等人发现了另一种脂溶性维生素——维生素 E。维生素 E 是多种脊椎动物必须从食物中摄取的营养素。

1929 年，丹麦博士达姆利用小鸡作为材料进行生化研究。他无意中发现，用自己特制的饲料喂养的小鸡皮下和肌肉都有出血的现象，这种疾病与血凝时间过长有关。在以后的五年时间内，他进行了无数次尝试，就是找不到出血的原因。直到 1934 年夏天，他改变了饲料的配方，才使患病的鸡都康复了。进一步的研究发现：天然绿色植物可使这种出血病恢复。

凝血时间延长导致血流不止，在人类也时有所见。皮肤创伤通常引起出血，但一般的小伤口一会儿便自动止血了。而有些人却会因一个小伤口而流血不止，这种现象由来已久，我国和埃及的古代医书中都有关于产妇分娩时因出血不止而死亡的记载。而在古代欧洲，医生给病人拔牙时，也常会因出血不止而造成死亡。

最早的时候，人们发现这种流血症状与缺少某种食物成分有关，通过研究，人们从苜蓿和腐败的鱼肉中提取到了一种新的维生素——维生素 K。两种不同来源的维生素 K 结构稍有不同，从绿叶植物中提取的为维生素 K_1，由细菌腐败获得的为维生素 K_2，但它们的主要结构都是一个萘醌环，即 2 - 甲基 - 1,4 - 萘醌，以后还人工合成了维生素 K_3、维生素 K_4 等。

苜蓿草

由于人的肠道细菌能够合成维生素 K，所以成人对维生素 K 的需要量很少，较少出现维生素 K 缺乏症，只有在大量、长期服用抗生素时可出现维生素 K 缺乏症。人乳中由于维生素 K 含量较少，故新生儿和早产儿较易患维生素 K 缺乏症。通常绿色植物含有丰富的维生素 K，为人类提供了充足的来源。

血液凝固是一个复杂的生理过程，这一过程受到数十个凝血因素的共同影响，而维生素 K 则与肝脏合成凝血因子 Ⅱ、Ⅶ、Ⅸ、Ⅹ 有关。缺乏维生素 K，就会使血液凝固的时间延长。根据这一道理，美国医生奈尔克采用了人的凝血时间长短来判断是否缺乏维生素 K 以及缺乏的程度。直到现在，这一方法还在医院里普遍地应用着。

必需维生素的四个要点

必需维生素的四个要点：(1) 外源性：人体自身不可合成，需要通过食物补充。维生素 D 人体可以少量合成，但是由于较重要，仍被作为必需维生素。(2) 微量性：人体所需量很少，但是可以发挥巨大作用。(3) 调节性：维生素必需能够调节人体新陈代谢或能量转变。(4) 特异性：缺乏了某种维生素后，人将呈现特有的病态。人体一共需要 13 种必需维生素，分别是：维生素 A、维生素 B、维生素 C、维生素 D、维生素 E、维生素 K、维生素 H（生物素）、维生素 P、维生素 PP、维生素 M、维生素 T、维生素 U、水溶性维生素。

蛋白质的组成、性质、分类及其与人体的关系

与其他生物分子一样，蛋白质是人类及所有动物赖以生存的营养要素。蛋白质是细胞组织的重要组成部分，是生命的物质基础，是人体内一些生理活动性物质（如酶、激素、抗体）的重要组成部分，是维持体液酸碱平衡和正常渗透压的重要物质。蛋白质占人体重量的 16.3%，即一个 60 千克重的成年人其体内约有蛋白质 9.8 千克。

蛋白质是一种复杂的有机化合物，旧称"朊"。蛋白质是由氨基酸分子呈线性排列所形成，相邻氨基酸残基的羧基和氨基通过形成肽键连接在一起。蛋白质的氨基酸序列是由对应基因所编码。除了遗传密码所编码的 20 种"标

准"氨基酸，在蛋白质中，某些氨基酸残基还可以被翻译后修饰而发生化学结构的变化，从而对蛋白质进行激活或调控。多个蛋白质可以在一起，往往是通过结合形成稳定的蛋白质复合物，发挥某一特定功能。

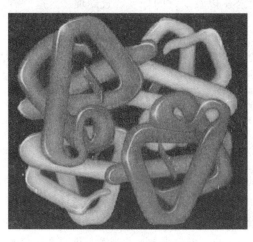

蛋白质四聚体（四级结构）

蛋白质主要由碳、氢、氧、氮四种化学元素组成，多数蛋白质还含有硫和磷，有些蛋白质还含有铁、铜、锰、锌等矿物质。蛋白质内 4 种主要化学元素的含量为：碳 15% ~ 55%、氢 67%、氧 21% ~ 23.5%、氮 15% ~ 18.6%。在人体内只有蛋白质含有氮元素，其他营养素不含氮。因此，氮成了测量体内蛋白质存在数量的标志。

蛋白质具有以下性质：

（1）溶解性：有些蛋白质和鸡蛋白能溶解在水里形成溶液。蛋白质分子的直径很大，达到了胶体微粒的大小，所以，蛋白质溶液具有胶体的性质。有的难溶于水（如丝、毛等）。

（2）水解：我们从食物摄取的蛋白质，在胃液中的胃蛋白酶和胰液中的胰蛋白酶作用下，经水解反应，生成氨基酸。氨基酸被人体吸收后，重新结合成人体所需的各种蛋白质。人体内各种组织的蛋白质也不断地被分解，最后主要生成尿素，排出体外。

（3）盐析：少量的盐（如硫酸铵、硫酸钠等）能促进蛋白质的溶解，但如向蛋白质溶液中加入浓的盐溶液，可使蛋白质的溶解度降低而从溶液中析出。这种作用叫做盐析。这样析出的蛋白质在继续加水时，仍能溶解，并不影响原来蛋白质的性质。采用多次盐析，可以分离和提纯蛋白质。

（4）变性：蛋白质受热、紫外线、X 射线、强酸、强碱、重金属（如铅、铜、汞等）盐、一些有机物（甲醛、酒精、苯甲酸）等的作用会凝结。这种凝结是不可逆的，即凝结后不能在水中重新溶解，这种变化叫做变性。

蛋白质变性后，不仅丧失了原有的可溶性，同时也失去了生理活性。运用变性原理可以用于消毒，但也可能引起中毒。

（5）颜色反应：蛋白质可以跟许多试剂发生颜色反应。例如，有些蛋白质跟浓硝酸作用时呈黄色。有这种反应的蛋白质分子中一般有苯环存在。在使用浓硝酸时，不慎溅在皮肤上而使皮肤呈现黄色，就是由于浓硝酸和蛋白质发生了颜色反应的缘故。

（6）蛋白质的灼烧：蛋白质被灼烧时，产生具有烧焦羽毛的气味。

常见蛋白质有以下几种。

纤维蛋白（fibrous protein）：一类主要的不溶于水的蛋白质，通常都含有呈现相同二级结构的多肽链许多纤维蛋白结合紧密，并为 单个细胞或整个生物体提供机械强度，起着保护或结构上的作用。

球蛋白（globular protein）：紧凑的、近似球形的，含有折叠紧密的多肽链的一类蛋白质，许多都溶于水。典型的球蛋白含有能特异的识别其他化合物的凹陷或裂隙部位的功能。

角蛋白（keratin）：由处于 α–螺旋或 β–折叠构象的平行的多肽链组成不溶于水的起着保护或结构作用蛋白质。

胶原（蛋白）（collagen）：是动物结缔组织最丰富的一种蛋白质，它是由原胶原蛋白分子组成。原胶原蛋白是一种具有右手超螺旋结构的蛋白。每个原胶原分子都是由 3 条特殊的左手螺旋（螺距 0.95 纳米，每一圈含有 3.3 个残基）的多肽链右手旋转形成的。

肌红蛋白（myoglobin）：是由一条肽链和一个血红素辅基组成的结合蛋白，是肌肉内储存氧的蛋白质，它的氧饱和曲线为双曲线型。

血红蛋白（hemoglobin）：是由含有血红素辅基的 4 个亚基组成的结合蛋白。血红蛋白负责将氧由肺运输到外周组织，它的氧饱和曲线为 S 型。

当饮食中蛋白质不足时，可引起儿童生长发育迟缓或体重减轻、肌肉萎缩；成人容易产生疲劳、贫血、创伤不易愈合、对传染病抵抗力下降和病后恢复缓慢等症状。严重缺乏时，还可导致营养不良性水肿。因此，保持健康所需的蛋白质含量要因人而异。普通健康成年男性或女性每千克（2.2 磅）体重大约需要 0.8 克蛋白质。随着年龄的增长，合成新蛋白质的效率会降低，肌肉块（蛋白质组织）也会萎缩，而脂肪含量却保持不变甚至有所增加。这就是为什么在老年时期肌肉会看似"变成肥肉"。婴幼儿、青少年、怀孕期间的妇女、伤员和运动员通常每日可能需要摄入更多蛋白质。

 **知识点**

酸碱平衡

人体内各种体液必须具有适宜的酸碱度，这是维持人体正常生理活动的重要条件之一。人体组织细胞在代谢过程中不断产生酸性和碱性物质，还有一定数量的酸性和碱性物质随食物进入体内。机体可通过一系列的调节作用，最后将多余的酸性或碱性物质排出体外，达到酸碱平衡。酸碱平衡失调可引起人体酸中毒或碱中毒。体内的酸性物质主要来源于糖、脂类和蛋白质及核酸的代谢产物，其次是饮食和药物中的成酸物质及少量酸性物质。体内的碱性物质主要来自某些食物和致碱性药物。

氨基酸的分类和功能

生物体内普遍存在的一种主要由氨基酸组成的生物大分子。它与核酸同为生物体最基本的物质，担负着生命活动过程的各种极其重要的功能。蛋白质的基本结构单元是氨基酸。

氨基酸是含有氨基和羧基的一类有机化合物的通称。氨基酸以肽键相互连接，形成肽链。目前，各种生物体中发现的氨基酸已有180多种，但常见的构成动植物体蛋白质的氨基酸只有20种。植物能合成自己全部的氨基酸，动物蛋白虽然含有与植物蛋白同样的氨基酸，但动物不能全部自己合成。氨基酸的通式可表示为一个短链羧酸的α－碳原子上结合一个氨基，即R－CH－COOH，通常根据氨基酸所含R基团的种类以及氨基、羧基的数目，按酸碱性进行分类。R基团无环状结构，一般称脂肪族氨基酸，其中有分支的称为支链氨基酸，如缬氨酸、亮氨酸和异亮氨酸。天然的氨基酸现已经发现的有300

多种，其中人体所需的氨基酸约有22种，分非必需氨基酸和必需氨基酸（人体无法自身合成）。另有酸性、碱性、中性、杂环分类，是根据其化学性质分类的。

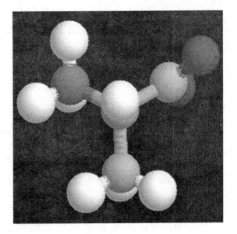

氨基酸积木模型

氨基酸含量比较丰富的食物有鱼类，像墨鱼、章鱼、鳝鱼、墨鱼、泥鳅，还有海参、蚕蛹、鸡肉、冻豆腐、紫菜等。另外，像豆类、豆类食品，花生、杏仁或香蕉含的氨基酸就比较多。如果人体缺乏任何一种必需氨基酸，就可导致生理功能异常，影响抗体代谢的正常进行，最后导致疾病。同样，如果人体内缺乏某些非必需氨基酸，会产生抗体代谢障碍。精氨酸和瓜氨酸对形成尿素十分重要；胱氨酸摄入不足就会引起胰岛素减少，血糖升高。又如创伤后胱氨酸和精氨酸的需要量大增，如缺乏，即使热能充足仍不能顺利合成蛋白质。总之，氨基酸在人体内通过代谢可以发挥下列作用：①合成组织蛋白质；②变成酸、激素、抗体、肌酸等含氨物质；③转变为碳水化合物和脂肪；④氧化成二氧化碳和水及尿素，产生能量。因此，氨基酸在人体中的存在，不仅提供了合成蛋白质的重要原料，而且对于促进生长，进行正常代谢、维持生命提供了物质基础。如果人体缺乏或减少其中某一种，人体的正常生命代谢就会受到障碍，甚至导致各种疾病的发生或生命活动终止。

作为构成人体的最基本的物质的蛋白质、脂类、碳水化合物、无机盐（即矿物质，含常量元素和微量元素）、维生素、水和食物纤维，也是人体所需要的营养素。它们在机体内具有各自独特的营养功能，但在代谢过程中又密切联系，共同参加、推动和调节生命活动。机体通过食物与外界联系，保持内在环境的相对恒定，并完成内外环境的统一与平衡。那么，氨基酸在这些营养素中究竟起什么作用呢?

蛋白质在机体内的消化和吸收是通过氨基酸来完成的

作为机体内第一营养要素的蛋白质，它在食物营养中的作用是显而易见的，但它在人体内并不能直接被利用，而是通过变成氨基酸小分子后被利用的。即它在人体的胃肠道内并不直接被人体所吸收，而是在胃肠道中经过多种消化酶的作用，将高分子蛋白质分解为低分子的多肽或氨基酸后，在小肠内被吸收，沿着肝门静脉进入肝脏。一部分氨基酸在肝脏内进行分解或合成蛋白质；另一部分氨基酸继续随血液分布到各个组织器官，任其选用，合成各种特异性的组织蛋白质。在正常情况下，氨基酸进入血液中与其输出速度几乎相等，所以正常人血液中氨基酸含量相当恒定。如以氨基氮计，每百毫升血浆中含量为 4～6 毫克，每百毫升血球中含量为 6.5～9.6 毫克。饱餐蛋白质后，大量氨基酸被吸收，血中氨基酸水平暂时升高，经过 6～7 小时后，含量又恢复正常。说明体内氨基酸代谢处于动态平衡，以血液氨基酸为其平衡枢纽，肝脏是血液氨基酸的重要调节器。因此，食物蛋白质经消化分解为氨基酸后被人体所吸收，抗体利用这些氨基酸再合成自身的蛋白质。人体对蛋白质的需要实际上是对氨基酸的需要。

起氮平衡作用

当每日膳食中蛋白质的质和量适宜时，摄入的氮量与从粪、尿和皮肤排出的氮量相等，称之为氮的总平衡。实际上是蛋白质和氨基酸之间不断合成与分解之间的平衡。正常人每日食进的蛋白质应保持在一定范围内，突然增减食入量时，机体尚能调节蛋白质的代谢量维持氮平衡。食入过量蛋白质，超出机体调节能力，平衡机制就会被破坏。完全不吃蛋白质，体内组织蛋白依然分解，持续出现负氮平衡，如不及时采取措施纠正，终将导致抗体死亡。

转变为糖或脂肪

氨基酸分解代谢所产生的 a—酮酸，随着不同特性，循糖或脂的代谢途径进行代谢。a—酮酸可再合成新的氨基酸，或转变为糖或脂肪，或进入三羧循环氧化分解成 CO_2 和 H_2O，并放出能量。

产生一碳单位

某些氨基酸分解代谢过程中产生含有 1 个碳原子的基团，包括甲基、亚甲基、甲烯基、甲炔基、甲酚基及亚氨甲基等。一碳单位具有以下 2 个特点：①不能在生物体内以游离形式存在；②必须以四氢叶酸为载体。

能生成一碳单位的氨基酸有：丝氨酸、色氨酸、组氨酸、甘氨酸。另外蛋氨酸（甲硫氨酸）可通过 S－腺苷甲硫氨酸（SAM）提供"活性甲基"（一碳单位），因此蛋氨酸也可生成一碳单位。

一碳单位的主要生理功能是作为嘌呤和嘧啶的合成原料，是氨基酸和核苷酸联系的纽带。

参与构成酶、激素、部分维生素

酶的化学本质是蛋白质（氨基酸分子构成），如淀粉酶、胃蛋白酶、胆碱酯酶、碳酸酐酶、转氨酶等。含氮激素的成分是蛋白质或其衍生物，如生长激素、促甲状腺激素、肾上腺素、胰岛素、促肠液激素等。有的维生素是由氨基酸转变或与蛋白质结合存在。酶、激素、维生素在调节生理机能、催化代谢过程中起着十分重要的作用。

酶的化学结构图

人体必需氨基酸的需要量

成人必需氨基酸的需要量约为蛋白质需要量的 20% ~ 37%。

在医疗中的应用。氨基酸在医药上主要用来制备复方氨基酸输液，也用作治疗药物和用于合成多肽药物。目前，用作药物的氨基酸有一百几十种，

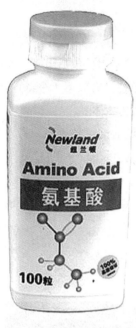

氨基酸药物

其中包括构成蛋白质的氨基酸有 20 种和构成非蛋白质的氨基酸有 100 多种。

由多种氨基酸组成的复方制剂在现代静脉营养输液以及"要素饮食"疗法中占有非常重要的地位，对维持危重病人的营养，抢救患者生命起积极作用，成为现代医疗中不可少的医药品种之一。

谷氨酸、精氨酸、天门冬氨酸、胱氨酸、L—多巴等氨基酸单独作用治疗一些疾病，主要用于治疗肝病疾病、消化道疾病、脑病、心血管病、呼吸道疾病以及用于提高肌肉活力、儿科营养和解毒等。此外，氨基酸衍生物在癌症治疗上出现了希望。

与衰老的关系。老年人体内的蛋白质分解较多而合成减慢。因此一般来说，老年人比青壮年需要蛋白质数量多，而且对蛋氨酸、赖氨酸的需求量也高于青壮年。60 岁以上老人每天应摄入 70 克左右的蛋白质，而且要求蛋白质所含必需氨基酸种类齐全且配比适当，这样的优质蛋白有延年益寿的作用。

核酸的组成分类、性质和功能

核酸是生物体内的高分子化合物。它包括脱氧核糖核酸（deoxyribonucleicacid，DNA）和核糖核酸（ribonucleicacid，RNA）两大类。DNA 和 RNA 都是由一个一个核苷酸头尾相连而形成的。RNA 平均长度大约为 2000 个核苷酸，而人的 DNA 却是很长的，约有 3×10^9 个核苷酸。而单个核苷酸又是由含氮有机碱（称碱基）、戊糖（即五碳糖）和磷酸三部分构成的。核苷酸是核酸分子的结构单元。核酸分子中的磷酸酯键是在戊糖 C－3'和 C－5'所连的羟基上形成的，故构成核酸的核苷酸可视为 3'—核苷酸或 5'—核苷酸。DNA 分子是含有 A、G、C、T 四种碱基的脱氧核苷酸链；RNA 分子则是含 A、

G、C、U 四种碱基的核苷酸链。当然核酸分子中的核苷酸都以细胞形式存在，但在细胞内有多种游离的核苷酸，其中包括一磷酸核苷、二磷核苷和三磷酸核苷。DNA 主要集中分布于细胞核中，RNA 广泛分布于细胞质中。

DNA 的碱基主要是由胸腺嘧啶（T）和胞嘧啶（C）加上腺嘧啶（A）和鸟嘧啶（G）构成；RNA 的碱基除以尿嘧啶（U）代替 T 之外，其余均与 DNA 相同。DNA 是双螺旋结构，就像一座螺旋形的楼梯。楼梯的两侧扶手是 2 条多核苷酸链上的核糖与磷酸根结合形成的骨架，楼梯的踏板就是 2 条多核苷酸链上相互配对的

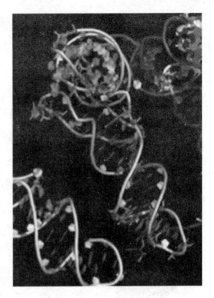

核　酸

碱基；如果一侧扶手上的碱基是 A，另一侧扶手上的碱基就一定是 T；同样，G 永远与 C 配对，碱基对之间靠氢键连接，这就是碱基配对规律。由于 A 和 G 为双环状化合物，分子大一些，T 和 C 为单环状化合物，分子小一些，使 A =T 和 G=C 的长度相等，因此，双螺旋结构的直径是一致的，也就是说，楼梯的宽度是一样的。

DNA 的双螺旋结构很适合它靠自身"复制"将遗传信息传给下一代（子代）。复制时，双螺旋结构先解链，变成 2 条单链，再分别以这两条单链为模板，靠碱基配对原则分别形成 2 条互补的配对链，即产生 2 个子代的双螺旋结构。每个子代的双螺旋结构中都含有亲代的一股链，因此也称作"半保留复制"，是生物物种稳定性和延续性的保证。

核酸具有以下化学性质：①酸效应。在强酸和高温下，核酸完全水解为碱基，核糖或脱氧核糖和磷酸。在浓度略稀的无机酸中，最易水解的化学键被选择性地断裂，一般为连接嘌呤和核糖的糖苷键，从而产生脱嘌呤核酸。②碱效应。DNA：当 pH 值超出生理范围（pH 值 7 ~ 8）时，对 DNA 结构将产生更为微妙的影响。碱效应使碱基的互变异构态发生变化。这种变化影响

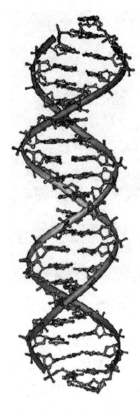

DNA

到特定碱基间的氢键作用，结果导致 DNA 双链的解离，称为 DNA 的变性。RNA：pH 值较高时，同样的变性发生在 RNA 的螺旋区域中，但通常被 RNA 的碱性水解所掩盖。这是因为 RNA 存在的 2`－OH 参与到对磷酸酯键中磷酸分子的分子内攻击，从而导致 RNA 的断裂。③化学变性。一些化学物质能够使 DNA/RNA 在中性 pH 值下变性。由堆积的疏水剪辑形成的核酸二级结构在能量上的稳定性被削弱，则核酸变性。

核酸最早是由米歇尔于 1868 年在脓细胞中发现和分离出来。核酸广泛存在于所有动物细胞、植物细胞和微生物内，生物体内核酸常与蛋白质结合形成核蛋白。不同的核酸，其化学组成、核苷酸排列顺序等不同。其中 DNA 是储存、复制和传递遗传信息的主要物质基础；RNA 在蛋白质的合成过程中起着重要作用；其中转移核糖核酸，简称 tRNA，起着携带和转移活化氨基酸的作用；信使核糖核酸，简称 mR-NA，是合成蛋白质的模板；核糖体的核糖核酸，简称 rRNA，是细胞合成蛋白质的主要场所。核酸不仅是基本的遗传物质，而且在蛋白质的生物合成上也占重要位置，因而在生长、遗传、变异等一系列重大生命现象中起决定性的作用。

一般人都知道，生命是蛋白质存在的形式，蛋白质是生命的基础。在发现核酸前，这句话是对的，但当核酸被发现后，应该说最本质的生命物质是核酸，或是把上述的这句话更正为蛋白体是生命的基础。按照现代生物学的观点，蛋白体是包括核酸和蛋白质的生物大分子。

然而，多少年来，人们在一味追求蛋白质、维生素、微量元素等营养时，却把最重要的角色——核酸忘却了，这不能不说是人类生命史上的一大遗憾。核酸在生命中为什么比蛋白质更重要呢？因为生命的重要性是能自我复制，而核酸就能够自我复制。蛋白质的复制是根据核酸所发出的指令，使氨基酸根据其指定的种类进行合成，然后再按指定的顺序排列成所需要复制的蛋白质。世界上各种有生命的物质都含有蛋白体，蛋白体中有核酸和蛋白质，至今还没有发现有蛋白质而没有核酸的生命。但在有生命的病毒研究中，却发现病毒以核酸为主体，蛋白质和脂肪以及脂蛋白等只不过充作其外壳，作为与外界环境的界限而已，当它钻入寄生细胞繁殖子代时，把外壳留在细胞外，只有核酸进入细胞内，并使细胞在核酸控制下为其合成子代的病毒。这种现象，美国科学家比喻为人和汽车的关系。即把核酸比为人，蛋白质比作汽车，人驾驶汽车到处跑。外表上看，人车一体是有生命运动的东西，而真正的生命是人，汽车只是由人制造的载人的外壳。近来科学家还发现了一种类病毒，是能繁殖子代的有生命物体，其中只有核酸而没蛋白质，可见核酸是真正的生命物质。

因此，我国 1996 年出版的《人体生理学》改变了旧教科书中只提蛋白质是生命基础的缺陷，明确提出："蛋白质和核酸是一切生命活动的物质基础。"

没有核酸，就没有蛋白，也就没有生命。

然而遗憾的是，从目前的分析来看，人类无法从食物中直接摄取核酸。人体细胞内的核酸都是自己合成的。服用核酸对人体而言根本毫无营养价值，相反，有研究发现，过度摄入核酸会造成肾结石等疾病。

核酸在实践应用方面有极重要的作用，现已发现近 2000 种遗传性疾病都和 DNA 结构有关。如人类镰刀形红血细胞贫血症是由于患者的血红蛋白分子中 1 个氨基酸的遗传密码发生了改变，白化病者则是 DNA 分子上缺乏产生促黑色素生成的酪氨酸酶的基因所致。肿瘤的发生、病毒的感染、射线对机体的作用等都与核酸有关。20 世纪 70 年代以来兴起的遗传工程，使人们可用人工方法改组 DNA，从而有可能创造出新型的生物品种。如应用遗传工程方法已能使大肠杆菌产生胰岛素、干扰素等珍贵的生化药物。

常见工业有机物概述

CHANGJIAN GONGYE YOUJIWU GAISHU

工业中，有机化合物的身影随处可见，甲烷、乙烯、乙酸、醋酸、乙醇、甲醇、乙醛这些都是工业中常见的有机物。甲烷是一种可燃性气体，是继石油资源枯竭之后一种重要的能源替代品。乙酸虽是一种简单的羧酸，但却是一个非常重要的化学试剂，在食品工业中，乙酸是规定的一种酸度调节剂。醋酸是一种极为重要的化工产品，有着极为重要的工业应用。乙醇是一种重要的化学试剂，能溶解多种有机物和无机物，而且可以用来制造乙醛、乙醚、乙酸、乙酯等基本有机化工原料。甲苯也是一种非常重要的工业有机物，从中可以衍生出多种化工原料。

甲烷的性质、来源和利用

甲烷是最简单的烃（碳氢化合物），化学式 CH_4。在标准状态下甲烷是无色气体，密度是 0.717 克/升，极难溶于水。通常情况下，甲烷稳定，如与强酸、强碱和强氧化剂等一般不发生化学反应。在特定条件下甲烷能与某些物质发生化学反应，如可以燃烧和发生取代反应等。甲烷在自然界分布很广，是天然气、沼气、油田气及煤矿坑道气的主要成分。它可用作燃料及制造氢

气、炭黑、一氧化碳、乙炔、氢氰酸
及甲醛等物质的原料。它主要的来源
有：有机废物的分解、天然源头（如
沼泽）、化石燃料、动物（如牛）的
消化过程、稻田之中的细菌、生物物
质缺氧加热或燃烧等。

甲烷是一种可燃性气体，而且可
以人工制造，所以，在石油用完之后，
甲烷将会成为重要的能源。

首先，沼气是有机物在厌氧条件
下经微生物的发酵作用而生成的一种

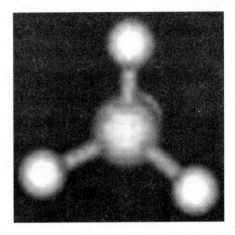

甲　烷

可燃性气体。沼气的用途广泛，首先可作为能源，用于人类的生产和生活；
其次是帮助净化环境，用于处理城乡生活污水、垃圾和工农业废水、废物以
及人畜粪便；再次是作为有机肥料，将沼发酵残余物用于农牧渔业生产；此
外，还可从沼气及其发酵残余物制取很多化工产品。

太阳沼气池主要是靠收集太阳光的热量，来提高沼气池发酵温度，从而
更好实现产气。下面是一种采用聚光凸透镜的太阳能沼气池。它是一种新型
太阳能沼气池，包括发酵集料箱、复合凸透镜、防护罩、太阳能集热板、保
温容器、电热转换器、温度传感器、保温控制器盒、快速发酵集料箱和支撑
座。复合凸透镜由多个以曲面为基面的凸透镜组成，复合凸透镜上的多个凸
透镜所集聚光线的焦点都在太阳能集热板上，太阳能集热板位于保温容器的
顶部，保温容器安装在快速发酵集料箱的上部，快速发酵集料箱上开设有与
发酵集料箱连通的通气口，其通过支撑座安装在发酵集料箱内的上部。本实
用新型能将太阳能热量聚集在沼气池中心部位，提供并控制甲烷菌等所需或
最佳生存温度或繁殖温度，并将产气原料适当分类处置，保证有机物废物和
沼气池充分使用。

天然气是一种多组分的混合气体，主要成分是烷烃，其中甲烷占绝大多
数。与煤炭、石油等能源相比，天然气在燃烧过程中产生的能影响人类呼吸
系统健康的物质极少，产生的二氧化碳仅为煤的 40% 左右，产生的二氧化硫

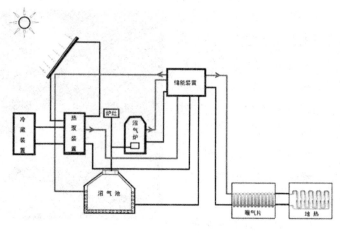

寒地太阳能沼气装置

也很少。天然气燃烧后无废渣、废水产生，具有使用安全、热值高、洁净等优势。目前人们的环保意识提高，世界需求干净能源的呼声高涨，各国政府也透过立法程序来传达这种意愿。天然气曾被视为最干净的能源之一，再加上世界的石油危机，能源紧张加深美国及主要石油消耗国家研发替代能源的决心，因此，在还未发现真正的替代能源前，天然气需求量自然会增加。

（1）天然气发电。是缓解能源紧缺、降低燃煤发电比例，减少环境污染的有效途径。且从经济效益看，天然气发电的单位装机容量所需投资少，建设工期短，上网电价较低，具有较强的竞争力。

（2）天然气化工工业。天然气是制造氮肥的最佳原料，具有投资少、成本低、污染少等特点。天然气占氮肥生产原料的比重，世界平均为80%左右。

（3）城市燃气事业。特别是居民生活用燃料。随着人民生活水平的提高及环保意识的增强，大部分城市对天然气的需求明显增加。天然气作为民用燃料的经济效益也大于工业燃料。

（4）压缩天然气汽车。以天然气代替汽车用油，具有价格低、污染少、安全等优点。

天然气化工是以天然气为原料生产化学产品的工业，是燃料化工的组成部分。由于天然气与石油同属埋藏地下的烃类资源，有时且为共生矿藏，其加工工艺及产品相互有密切的关系，故也可将天然气化工归属于石油化工。

天然气化工一般包括天然气的净化分离、化学加工（所含甲烷、乙烷、丙烷等烷烃的加工利用）。世界上约有 50 个国家不同程度地发展了天然气化工。天然气化工比较发达的国家有美国、俄罗斯、加拿大等。美国发展天然气化工最早，产品品种和产量目前仍居首位。消耗于化学工业的天然气，占该国化工行业所消耗原料和燃料总量的 1/2 以上。20 世纪 70 年代中期前苏联调整了化学工业政策，加速发展天然气化工生产，在西伯利亚天然气产区新建生产装置，大规模应用于合成氨、甲醇和乙烯、二硫化碳。目前，其天然气化工产品产量仅次于美国。加拿大有丰富的天然气资源，用于合成氨、尿素、甲醇和乙烯的生产。

我国的能源结构以煤炭为主，石油、天然气所占比例远远低于世界平均水平。随着国家对能源需求的不断增长，提高天然气在能源结构中的比重和引进 LNG，将对优化我国的能源结构，有效解决能源供应安全和生态环境保护，实现经济和社会的可持续发展发挥重要作用。

随着天然气的普遍应用，天然气供应已经成为国家能源安全中越来越重要的组成部分。未来中国天然气需求增长速度将明显超过煤炭和石油。

与此同时，甲烷也是一种温室气体：其全球变暖潜能为 22（即它的暖化能力比二氧化碳高 22 倍）。

世界八成甲烷的产生皆来自人为活动（主要是畜牧业）。在过去 200 年，地球大气中的甲烷浓度升了 1 倍多，由 0.8 毫克/千克上升至 1.7 毫克/千克。甲烷并非毒气；然而，其具有高度的易燃性，和空气混合时也可能造成爆炸。甲烷和氧化剂、卤素或部分含卤素之化合物接触会有极为猛烈地反应。甲烷同时也是一种窒息剂，在密闭空间内可能会取代氧气。若氧气被甲烷取代后含量低于 19.5% 时可

北冰洋

能导致窒息。当有建筑物位于垃圾掩埋场附近时，甲烷可能会渗透入建筑物内部，让建筑物内的居民暴露在高含量的甲烷之中。某些建筑物在地下室设有特别的回复系统，会主动捕捉甲烷，并将之排出至建筑物外。

研究发现，气候变暖导致海洋释放出更多甲烷。

气候变暖不但表现为人类排放的温室气体增多，还会导致地球自身释放出更多的温室气体。据美国最新一期《地球物理通讯》杂志刊登的一篇英国国家海洋中心的研究报告显示，研究人员探测到北冰洋中存在大量甲烷，这证实了地球暖化导致海底释放大量甲烷的说法。他们担心，这些甲烷可能使得地球变暖问题更加恶化。

英国研究人员搭乘皇家科学考察船前往北极海域，利用声呐探测到从海底升起250多个甲烷气泡。经过分析他们发现，这块海域在过去30年中水温升高了1℃，导致海底的甲烷水合物分解出甲烷，并以气泡方式浮上海面。

甲烷水合物又称"可燃冰"，通常存在于海底高压稳定状态下。30年前，这些物质可在海面下360米深处稳定存在，而现在，它们要到400米下才能稳定存在。

研究人员担心，如果北极海域普遍出现这种现象，那么，每年将释放出数千吨甲烷。由于甲烷是一种温室气体，因此，这将会使得地球变暖的问题更加恶化。而且溶于海水中的甲烷会造成海水酸度增加，对海洋生态形成负面影响。

发酵作用

发酵作用；从广义上讲，发酵作用泛指利用微生物生产各种产物的过程，即在人工控制的条件下，微生物通过本身新陈代谢活动，将不同的物质进行分解、转化或合成，生成人们所需要的酶、菌体或各种代谢产物的生产过程。从狭义上讲，发酵作用是指微生物厌氧或兼性厌氧微生物在厌氧的条件下以某些有机化合物作为末端氢（电子）受体，氧化降解有机物获得能量的过程。一般情况下，发酵作用产生的能量不及有氧呼吸产生的多，但是能完全足够提供发酵作用者所需要的能量。

乙烯的性质和利用

乙烯（Bthylene）是由 2 个碳原子和 4 个氢原子组成的化合物。2 个碳原子之间以双键连接。分子式为 C_2H_4；结构式为 CH_2＝CH_2。乙烯是无色，稍有气味的气体；在水中难溶于水；密度较空气略小。从乙烯的结构式可以看出，乙烯分子里含有 C＝C 双键，链烃分子里含有碳碳双键的不饱和烃叫做烯烃。乙烯是分子组成最简单的烯烃。工业上所用的乙烯，主要是从石油炼制工厂和石油化工厂所生产的气体里分离出来的。实验室

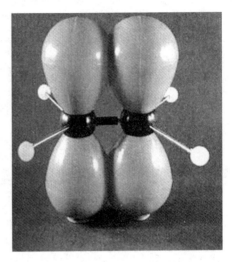

乙　烯

里是把酒精和浓硫酸按 1∶3 混合迅速加热到 170℃，使酒精分解而制得。浓硫酸在反应过程里起催化剂和脱水剂的作用。

乙烯的化学性质——加成反应

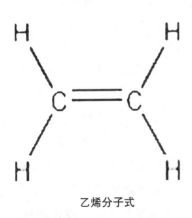

乙烯分子式

把乙烯通入盛溴水的试管里，可以观察到溴水的红棕色很快消失。

乙烯能跟溴水里的溴起反应，生成无色的 1, 2 - 二溴乙烷（CH_2Br—CH_2Br）液体。

这个反应的实质是乙烯分子里的双键里的一个键易于断裂，2 个溴原子分别加在两个价键不饱和的碳原子上，生成了二溴乙烷。这种有机物分子里不饱和碳原子跟其他原子或原子团直接结合生成别的物质的反应叫做

加成反应。

乙烯还能跟氢气、氯气、卤化氢以及水等在适宜的反应条件下起加成反应。

乙烯的化学性质——氧化反应

点燃纯净的乙烯，它能在空气里燃烧，有明亮的火焰，同时发出黑烟。

跟其他的烃一样，乙烯在空气里完全燃烧的时候，也生成二氧化碳和水。但是乙烯分子里含碳量比较大，由于这些碳没有得到充分燃烧，所以有黑烟生成。

乙烯不但能被氧气直接氧化，也能被其他氧化剂氧化。

乙烯的化学性质——聚合反应

在适当温度、压强和有催化剂存在的情况下，乙烯双键里的一个键会断裂，分子里的碳原子能互相结合成为很长的链。

该反应的产物是聚乙烯，它是一种分子量很大（几万到几十万）的化合物，分子式可简单写为（C_2H_4）n。生成聚乙烯这样的反应属于聚合反应。在聚合反应里，分子量小的化合物（单体）分子互相结合成为分子量很大的化合物（高分子化合物）的分子。这种聚合反应也是加成反应，所以又属于加成聚合反应，简称加聚反应。聚乙烯是一种重要的塑料，由于它性质坚韧，低温时仍能保持柔软性，化学性质稳定，电绝缘性高，在工农业生产和日常生活中有广泛应用。

聚乙烯

乙烯具有较强的麻醉作用。急性中毒：吸入高浓度乙烯可立即引起意识丧失，无明显的兴奋期，但吸入新鲜空气后，可很快苏醒。对眼及呼吸道黏膜有轻微刺激性。液态乙烯可致皮肤冻伤。慢性影响：

长期接触，可引起头昏、全身不适、乏力、思维不集中。个别人有胃肠道功能紊乱。对环境有危害，对水体、土壤和大气可造成污染。

在现有的已知塑料中，聚四氟乙烯塑料是耐腐蚀性最好的材料。它的化学作用的稳定性，超过玻璃、陶瓷、不锈钢及合金，甚至超过金子和铂。不论是在强酸、浓碱还是最强的氧化剂里，或在"王水"中煮沸几十小时，也不发生任何变化。因此，聚四氟乙烯有"塑料王"之称。据试验，目前还没有发现任何一种溶剂，能够在高温下使聚四氟乙烯塑料膨胀。

聚四氟乙烯还具有耐热、耐寒、不怕水泡、电绝缘性能好等特点。在升高温度或在潮湿的环境下，它均不受任何影响，可以在 - 195℃ ~ 250℃范围内使用。

正因为聚四氟乙烯塑料具有这么多可贵的特性，所以，它特别受到人们的重视，在化学工业、电气工业、冷冻工业、医药工业上得到了广泛的应用。

聚四氟乙烯胶带

这种塑料的缺点是，在加热后，即使加热到415℃，也不呈现流动状态（即不熔融），黏度极大。因此，在成型加工时，不能用一般的热塑性塑料的加工方法，只能采取先预压成毛坯，然后放在加热到300℃以上的高温炉里，烧结成型。加工这种塑料，工序多，又需特殊设备，费用较高。

值得注意的是，聚四氟乙烯塑料制品，在高温下容易分解，放出有剧毒的全氟异丁烯气体；这种气体遇水后，又会放出有毒的氟化氢气体。因此我们使用聚四氟乙烯塑料制品时，不能超过250℃的高温。

催化剂

简单地说，催化剂就是能提高化学反应速率，而本身结构不发生永久性改变的物质。这里所说的提高化学反应速率有三层含义，一是使化学反应速度变快，二是使化学反应速度变慢，三是使可以使反应在较低的温度环境下进行。催化剂在工业上也称为触媒。有两点需要明确：一点是一种催化剂并非对所有的化学反应都有催化作用。二是某些化学反应并非只有惟一的催化剂，可以同时有几种催化剂。

乙酸的性质和利用

冰醋酸

乙酸（acetic acid）分子中含有两个碳原子的饱和羧酸。分子式 CH_3COOH。它是一种有机化合物，是典型的脂肪酸。因为是醋的主要成分，又称醋酸。乙酸在常温下是一种有强烈刺激性酸味的无色液体。乙酸的熔点为 16.5℃（289.6 K）。沸点 118.1℃（391.2 K）。相对密度 1.05，闪点 39℃，爆炸极限 4%～17%（体积）。纯的乙酸在低于熔点时会冻结成冰状晶体，所以无水乙酸又称为冰醋酸。乙酸易溶于水和乙醇、乙醚和四氯化碳。其水溶液呈弱酸性。乙酸盐也易溶于水。当水加到乙酸中，混合后的总体积变小，密度增加，直至分子比为 1：1，相当于形成一元酸的原乙酸 $CH_3C(OH)_3$，进一步稀释，体积不再变化。其分子结构模型如图。

乙酸的实验式为 CH_2O，化学式为 $C_2H_4O_2$。常被写为 CH_3-COOH、CH_3COOH 或 CH_3CO_2H 来突出其中的羧基，表明更加准确的结构。失去 H 后形成的离子为乙酸根阴离子。乙酸最常用的正式缩写是 AcOH 或 HOAc，其中 Ac 代表了乙酸中的乙酰基（CH_3CO）。酸碱中和反应中也可以用 HAc 表示乙酸，其中 Ac 代表了乙酸根阴离子（CH_3COO），但很多人认为这样容易造成误解。上述两种情况中，Ac 都不应与化学元素中锕的缩写混淆。

乙酸的化学反应。对于许多金属，乙酸是有腐蚀性的，例如铁、镁和锌，反应生成氢气和金属乙酸盐。因为铝在空气中表面会形成氧化铝保护层，所以铝制容器能用来运输乙酸。金属的乙酸盐也可以用乙酸和相应的碱性物质反应，比如最著名的例子：小苏打与醋的反应。除了醋酸铬，几乎所有的醋酸盐能溶于水。

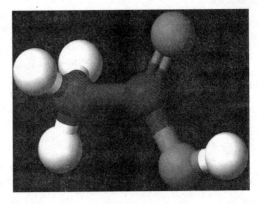

乙酸分子模型

乙酸能发生普通羧酸的典型化学反应，特别注意的是，可以还原生成乙醇，通过亲核取代机理生成乙酰氯，也可以双分子脱水生成酸酐。

同样，乙酸也可以成酯或氨基化合物。如乙酸可以与乙醇在浓硫酸存在并加热的条件下生成乙酸乙酯。

440℃的高温下，乙酸分解生成甲烷和二氧化碳或乙烯酮和水。

尽管从乙酸在水溶液中的离解能力来看它是一个弱酸，但是乙酸是具有腐蚀性的，其蒸汽对眼和鼻有刺激性作用。广泛存在于自然界，例如在水果或植物油中主要以其化合物酯的形式存在；在动物的组织内、排泄物和血液中以游离酸的形式存在。乙酸是一种简单的羧酸，是一个重要的化学试剂。乙酸也被用来制造电影胶片所需要的醋酸纤维素和木材用胶粘剂中的聚乙酸乙烯酯，以及很多合成纤维和织物。在家庭中，乙酸稀溶液常被用作除垢剂。食品工业方面，在食品添加剂列表 E260 中，乙酸是规定的一种酸度调节剂。

 知识点

亲核取代

亲核取代反应；或称亲核性取代反应，简称 SN，通常发生在带有正电或部分正电荷的碳上，碳原子被带有负电或部分负电的亲核试剂进攻而取代。

在有机化学中，饱和碳上的亲核取代反应很多。例如，卤代烷能分别与氢氧化钠、醇钠或酚钠、硫脲、硫醇钠、羧酸盐和氨或胺等发生亲核取代反应，生成醇、醚、硫醇、硫醚、羧酸酯和胺等。醇可与氢卤酸、卤化磷或氯化亚砜作用，生成卤代烃。当试剂的亲核原子为碳时，取代结果形成碳－碳键，从而得到碳链增长物，如卤代烷与氰化钠、炔化钠或烯醇盐的反应。

醋酸在生产生活中的应用

醋酸是一种极为重要的化工产品，它在有机化工中的地位与无机化工中的硫酸相当。醋酸的主要用途有：

（1）制取醋酸乙烯。醋酸的最大消费领域是制取醋酸乙烯，约占醋酸消费的44%以上，它广泛用于生产维纶、聚乙烯醇、乙烯基共聚树脂、黏合剂、涂料等。

（2）溶剂。醋酸在许多工业化学反应中用作溶剂。

（3）醋酸纤维素。醋酸可用于制醋酐，醋酐的80%用于制造醋酸纤维，其余用于医药、香料、染料等。

（4）醋酸酯。醋酸乙酯、醋酸丁酯是醋酸的2个重要下游产品。醋酸乙酯用于清漆、稀释料、人造革、硝酸纤维、塑料、染料、药物和香料等；醋酸丁酯是一种很好的有机溶剂，用于硝化纤维、涂料、油墨、人造革、医药、塑料和香料等领域。

冰醋酸是最重要的有机酸之一。主要用于醋酸乙烯、醋酐、醋酸纤维、醋酸酯和金属醋酸盐等，也用作农药、医药和染料等工业的溶剂和原料，在照相药品制造、织物印染和

醋酸胶布

橡胶工业中都有广泛用途。冰醋酸是重要的有机化工原料之一，它在有机化学工业中处于重要地位。冰醋酸广泛用于制合成纤维、涂料、医药、农药、食品添加剂、染织等工业，是国民经济的一个重要组成部分。冰醋酸按用途又分为工业和食用两种，食用冰醋酸可作酸味剂、增香剂，可生产合成食用醋。用水将乙酸稀释至4%～5%浓度，添加各种调味剂可得食用醋，其风味与酿造醋相似。常用于番茄调味酱、蛋黄酱、醉米糖酱、泡菜、干酪、糖食制品等。使用时适当稀释，还可用于制作番茄、芦笋、沙丁鱼、鱿鱼等罐头和婴儿食品，还有酸黄瓜、肉汤羹、冷饮、酸法干酪用于食品香料时，需稀释，可制作软饮料、冷饮、糖果、焙烤食品、布丁类、胶媒糖、调味品等。作为酸味剂，可用于调饮料、罐头等。通常洗涤使用的冰醋酸，浓度分别为28%、56%、99%。如果买的是冰醋酸，把28毫升的冰醋酸加到72毫升的水里，就可得到28%的醋酸。更常见的是它以56%的浓度出售，这是因为这种浓度的醋酸只要加同量的水，即可得到28%的醋酸。浓度大于28%的醋酸会损坏醋酸纤维和代纳尔纤维。

28%的醋酸具有挥发性，挥发后使织物呈中性；就像氨水可以中和酸一样，28%的醋酸也可以中和碱。碱也会导致变色。用酸（如28%的醋酸）即可把变色恢复过来。这种酸也常用来减少由丹宁复合物、茶、咖啡、果汁、软饮料以及啤酒造成的黄渍。在去除这些污渍时，28%的醋酸用在水和中性润滑剂之后，可用到最大程度。

有机酸

有机酸是指一些具有酸性的有机化合物，进一步说是分子结构中含有羧基（－COOH）的化合物。最常见的有机酸是羧酸，其酸性就是源于羧基（－COOH）。磺酸、亚磺酸、硫羧酸也属于有机酸。有机酸可与醇反应生成酯。有机酸在中草药的叶、根，特别是果实中广泛分布，如乌梅、五味子、覆盆子等。有机酸除少数以游离状态存在外，一般都与钾、钠、钙等结合成盐，有些与生物碱类结合成盐。有的有机酸是挥发油与树脂的组成成分。

乙醇的组成、性质、制取和应用

乙醇的结构简式为 CH_3CH_2OH，俗称酒精。它在常温、常压下是一种易燃、易挥发的无色透明液体，它的水溶液具有特殊的、令人愉快的香味，并略带刺激性，密度比水小，能跟水以任意比互溶（一般不能做萃取剂），是一种重要的溶剂，能溶解多种有机物和无机物。作为溶剂，乙醇易挥发，且可以与水、乙酸、丙酮、苯、四氯化碳、氯仿、乙醚、乙二醇、甘油、硝基甲烷、吡啶和甲苯等溶剂混溶。此外，低碳的脂肪族烃类如戊烷和己烷，氯代脂肪烃如 1,1,1 – 三氯乙烷和四氯乙烯也可与乙醇混溶。随着碳数的增长，高碳醇在水中的溶解度明显下降。由于存在氢键，乙醇具有潮解性，可以很快从空气中吸收水分。羟基的极性也使得很多离子化合物可溶于乙醇中，如氢氧化钠、氢氧化钾、氯化镁、氯化钙、氯化铵、溴化铵和溴化钠等。氯化钠和氯化钾则微溶于乙醇。此外，其非极性的烃基使得乙醇也可溶解一些非极性的物质，例如大多数香精油和很多增味剂、增色剂和医药试剂。

乙醇分子是由乙基和羟基两部分组成，可以看成是乙烷分子中的一个氢

酒中的乙醇

原子被羟基取代的产物，也可以看成是水分子中的一个氢原子被乙基取代的产物。乙醇分子中的碳氧键和氢氧键比较容易断裂。乙醇的化学反应：

（1）乙醇的金属反应：乙醇可以与金属钠反应，产生氢气，但不如水与金属钠反应剧烈。

活泼金属（钾、钙、钠、镁、铝）可以将乙醇羟基里的氢取代出来。

（2）乙醇与氢卤酸反应。通常用溴化钠和硫酸的混合物与乙醇加热进行该反应。故常有红棕色气体产生。

（3）乙醇的氧化反应。燃烧：发出淡蓝色火焰，放出大量的热。催化氧化：在加热和有催化剂存在的情况下进行。

工业制乙醇，工业上一般用淀粉发酵法或乙烯直接水化法制取乙醇。

发酵法制乙醇是在酿酒的基础上发展起来的，在相当长的历史时期内，曾是生产乙醇的惟一工业方法。发酵法的原料可以是含淀粉的农产品，如谷类、薯类或野生植物果实等；也可用制糖厂的废糖蜜；或者用含纤维素的木屑、植物茎秆等。这些物质经一定的预处理后，经水解（用废蜜糖做原料必经这一步）、发酵，即可制得乙醇。发酵液中的质量分数约为 6% ~ 10%，并含有其他一些有机杂质，经精馏可得 95% 的工业乙醇。

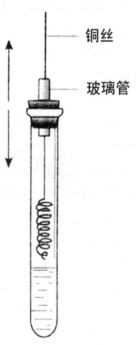

铜丝

玻璃管

乙醇氧化

乙烯直接水化法，就是在加热、加压和有催化剂存在的条件下，让乙烯与水直接反应，生产乙醇。

第一步是与醋酸汞等汞盐在水 – 四氢呋喃溶液中生成有机汞化合物，而后用硼氢化钠还原。此法中的原料——乙烯可大量取自石油裂解气，成本低，产量大，这样能节约大量粮食，因此该产业发展很快。

乙醇的用途很广，可用乙醇来制造乙醛、乙醚、乙酸、乙酯、乙胺等基本有机化工原料，也可用来制取醋酸、香精、染料、涂料、洗涤剂等产品，医疗上也常用体积分数为 70% ~ 75% 的乙醇作消毒剂。乙醇可以调入汽油，作为车用燃料，乙醇汽油的销售在美国已有几十年历史。

此外，乙醇还做稀释剂、有机溶剂、涂料溶剂等几大方面，其中用量最大的是消毒剂。

乙醇是酒的主要成分。其含量和酒的种类有关系，如白酒为56度的酒。注意：我们喝的酒内的乙醇不是把乙醇加进去，而是发酵出来的乙醇，当然根据使用的发酵酶不同，还会有乙酸或糖等有关物质。

酒也是酿造出来的。淀粉经过麸曲的作用变成麦芽糖，再让糖液发酵，酵母菌"吃"下糖，"排泄"出酒精和二氧化碳。这种含酒精的水，通过蒸馏，使酒精浓度增大，就成了酒。

用不同品种的粮食、水果或野生植物酿造出来的酒都含有酒精，做菜的黄酒里有15%的酒精；啤酒里有4%的酒精；葡萄酒含酒精10%左右；烧酒里含酒精最多，超过60%。

烧鱼时加点酒，酒精能把鱼肉里发腥味的三甲胺揪出来，带着它一块儿变成蒸气挥发掉了，所以，烧鱼时加酒可以除腥。

纯粹的酒精并不好喝。名酒佳酿里除了酒精，还有香酯、糖、香料、矿物质等微量物质。

饮酒后，乙醇很快通过胃和小肠的毛细血管进入血液。一般情况下，饮酒者血液中乙醇的浓度将在30～45分钟内达到最大值，随后逐渐降低。当BAC超过1000毫克/升时，可能引起明显的乙醇中毒。摄入体内的乙醇除少量未被代谢而通过呼吸和尿液直接排出外，大部分乙醇需被氧化分解。在乙醇的代谢过程中，乙醇脱氢酶起着至关重要的作用，它主要分布在肝脏，在胃肠道及其他组织中也有少量分布。乙醇通过血液流到肝脏后，首先被ADH氧化为乙醛，而乙醛脱氢酶则能把乙醛中的2个氢原子脱掉，使其分解为二氧化碳和水，在肝脏中乙醇还能被CYP_2E_1酶分解代谢。

人喝酒后面部潮红，是因为皮下暂时性血管扩张所致。因为这些人体内有高效的乙醇脱氢酶，能迅速将血液中的酒精转化成乙醛，而乙醛具有让毛细血管扩张的功能，会引起脸色泛红甚至身上皮肤潮红等现象，也就是我们平时所说的"上脸"。

乙醇代谢的速率主要取决于体内酶的含量，其具有较大的个体差异，并与遗传有关。人体内若是具备乙醇脱氧酶和乙醛脱氧酶这两种酶，就能较快地分解酒精，中枢神经就较少受到酒精的作用，因而即使喝了一定量的酒后，也行若无事。在人体中，都存在乙醇脱氢酶，而且大部分人数量基本是相等的。但缺少乙醛脱氢酶的人就比较多。这种乙醛脱氢酶的缺少，使酒精不能被完全分解为水和二氧化碳，而是以乙醛的形态继续留在体内。我们所说的酒精的代谢应该是被完整的分解后的状态，由于很多人缺少乙醛脱氢酶，拥有乙醛脱氢酶的量也是有差别的，所以，严格地说，酒精的代谢速度是无法用一个准确的速度来描述的，此因人而异。

长期酗酒可引起多发性神经病、慢性胃炎、脂肪肝、肝硬化、心肌损害及器质性精神病等。皮肤长期接触可引起干燥、脱屑、皲裂和皮炎。乙醇具有成瘾性及致癌性，但乙醇并不是直接导致癌症的物质，而是致癌物质普遍溶于乙醇。在中国传统医药观点上，乙醇有促进人体吸收药物的功能，并能促进血液循环，治疗虚冷症状。药酒便是依照此原理制备出来的。

萃取剂

萃取剂就是用于萃取的溶剂。两种液体互不相溶，需要萃取的物质在两液体中溶解度差别很大的时候进行萃取。选用萃取剂的原则：（1）和原溶液中的溶剂互不相溶。（2）对溶质的溶解度要远大于原溶剂。（3）要不易于挥发。（4）萃取剂不能与原溶液的溶剂反应。萃取剂分物理萃取剂和化学萃取剂。在现在工业中，特别是冶金工业中，大量使用的是化学萃取剂，广泛应用于除杂净化、分离、产品制备等过程中。工业中的萃取剂，大多溶解于有机溶剂。

甲醇与假酒制作、假酒中毒

假酒含有高浓度乙醇和超出一定浓度的甲醇。不法分子为牟取暴利，往往不择手段，低价购入工业酒精制假贩假。假酒一般是用工业酒精掺入水溶液、色素等原料制成。有些则直接用甲醇掺入散装白酒制成假酒。假酒与普通的白酒在外观上很难区别，必须由有关部门进行质量监督和技术检验方可知晓。优质的白酒外观呈无色透明液体，无异味和臭味，食用乙醇浓度达95%，杂醇油（以异丁醇、异戊醇计）< 0.0002 克/100 毫升，甲醇 < 0.01克/100 毫升，酸（以乙酸计）<0.001 克/100 毫升，不挥发物 <0.0020 克/100 毫升。而假酒一般不符合上述指标，尤其是甲醇的含量大大超过正常标准。假酒中毒事件影响大，范围广，引起中毒的人数也较多。我国近些年已发生多起假酒中毒案件，造成多人死亡。

甲醇又称木醇，是一种无色透明、易燃烧的液体，容易挥发，气味与乙醇相似，多用作化学助剂，可经呼吸道、胃肠道和皮肤吸收而致中毒。

甲醇在体内经醇脱氢及甲醛脱氢等作用，先氧化成甲醛，后氧化成甲酸。甲醛可使视网膜细胞发生退行性变，并能损害视神经；甲酸盐可抑制视神经细胞内细色素氧化酶，造成视觉障碍；甲酸蓄积还可产生酸中毒。甲醇及其代谢产物使大脑皮质细胞机能紊乱，产生精神神经症状，并对肝、肾、肺均有损害，误服 5～10 毫升可致严重中毒，口服 30 毫升以上可致死亡。

健康危害：本品为中枢神经系统抑制剂。首先引起兴奋，随后抑制。急性中毒：急性中毒多源于口服。一般可分为兴奋、催眠、麻醉、窒息四阶段。患者进入第三或第四阶段，出现意识丧失、瞳孔扩大、呼吸不规律、休克、心力循环衰竭及呼吸停止。慢性影响：在生产中长期接触高浓度本品可引起鼻、眼、黏膜刺激症状，以及头痛、头晕、疲乏、易激动、震颤、恶心等。

乙醛的性质和利用

乙醛（acetaldehyde）一种醛，分子式：C_2H_4O。分子结构：甲基 C 原子以 sp3 杂化轨道成键、醛基 C 原子以 sp2 杂化轨道成键、分子为极性分子。又名醋醛，无色易流动液体，有刺激性气味。熔点 121℃，沸点 20.8℃，相对密度 0.7834（18/4℃），相对分子质量 44.05。可溶于水、乙醇、乙醚、丙酮和苯。易燃，易挥发。蒸气与空气能形成爆炸性混合物，爆炸极限 4.0% ～

57.0%（体积）。易氧化而成醋酸。在少量酸存在下很易聚合成三聚乙醛（液体，熔点124℃），低温时生成多聚乙醛。以上两种聚合体能在少量硫酸作用下分解为乙醛。

乙醛可以被还原为乙醇，也可以被氧化成乙酸。乙醛在催化剂存在的条件下可以与氧气反应生成乙酸。

乙 醛

有机合成中，乙醛是二碳试剂、亲电试剂，被看做 $CH_3C + H(OH)$ 的合成子，具原手性。它与三份的甲醛缩合，生成季戊四醇 $C(CH_2OH)_4$；与格氏试剂和有机锂试剂反应生成醇。Strecker 氨基酸合成中，乙醛与氰离子和氨缩合水解后，可合成丙氨酸。乙醛也可构建杂环环系，如三聚乙醛与氨反应生成吡啶衍生物。此外，乙醛可以用来制造乙酸、乙醇、乙酸乙酯。农药 DDT 就是以乙醛做原料合成的。乙醛经氯化得三氯乙醛，三氯乙醛的水合物是一种安眠药。安眠药是一种能对大脑皮层和中枢神经起抑制作用，少量服用可帮助睡眠，过量则可导致中毒的镇静型药物。若有需要应选用较安全的安眠药，国家支持药店按需销售安眠药以利公众健康和药店效益，失眠者按需服用安眠药有利于身体健康和治疗失眠。

在工业上主要由乙炔在高汞盐的催化下水合而生成；新的生产方法是将乙烯在氯化铜–氯化钯的催化下用空气直接氧化。

▌▌▌啤酒中的乙醛对人体的伤害

啤酒是经酵母发酵麦汁产生的低酒精含 CO_2 的饮料，作为一种大众化的食品，它的风味、泡沫及色泽是影响消费者消费的三大重要因素，其中又以

啤　酒

风味的影响尤为突出。

啤酒的风味是啤酒所含各种成分的综合体现，目前为止，已经知道啤酒中含有1000多种成分，在这个复杂的体系中，对啤酒风味起重要影响的成分的浓度是很低的。现在研究表明，对啤酒风味影响较大的成分超过339种，但它们所占的比例不到0.1%。啤酒中的羰基化合物大约有80种，另有文献报道啤酒中大约有50种醛类和54种酮类。其中只有很少几种羰基化合物的含量能接近其风味阈值，多数醛类其风味阈值低于相应醇的2~3倍。啤酒羰基化合物含量的多少直接反映了啤酒的老化程度。鉴于检测手段的缺乏，到目前为止还很难对啤酒中所有的羰基化合物进行分析，因此，人们采用间接的方法来表征啤酒的老化程度，例如用TBA值。乙醛是啤酒羰基化合物中结构较为简单而含量最高的一种羰基化合物，其用顶空技术可以测量。

乙醛是羰基化合物中的一种，对乙醛的控制也会对其他羰基化合物产生类似的影响。乙醛是啤酒羰基化合物中含量最高的化合物，其对啤酒的风味有较大的影响，如果啤酒中乙醛含量偏高时，将会对啤酒的风味产生不利的影响。乙醛是啤酒生青味、烂苹果味的主要来源，啤酒中乙醛的含量超过50毫克/升时，有无法下咽感；超过25毫克/升时有强烈的刺激性和辛辣感；超过 10 毫克/升时有不成熟的口感，成熟的优质啤酒的乙醛含量一般在 3 ~ 8 毫克/升以内。

乙醛为微毒物质。刺激作用比甲醛弱，对中枢神经的抑制作用比甲醛强。对人的有害作用主要是刺激皮肤和黏膜。吸入高浓度蒸气可引起麻醉作用，并出现头痛、嗜睡、神志不清、支气管炎、肺水肿、腹泻、蛋白尿等。低浓度蒸气可引起眼、鼻、上呼吸道的刺激以及支气管炎、皮肤过敏、皮炎等。误服时出现恶心、呕吐、腹泻、麻醉、呼吸衰竭等。慢性中毒还出现体重减轻、贫血、谵妄、视听幻觉、智力丧失和精神障碍。

抽烟、酗酒和空气污染是危害人类健康的主要因素，科学家发现，这三大杀手有可能用的是同一把刀。

生活中你肯定认识这样的人，他们不能喝酒，一喝就脸红，如果强灌，很快就会醉倒在地，甚至呕吐不止。他们为什么会这样呢？原来，酒精（乙醇）进入人体后会迅速转化成乙醛，乙醛又会转变成乙酸。这个过程需要"醛脱氢酶"来催化。人体内有 19 种 ALDH，其中，$ALDH_2$ 活性最

吸烟有害健康

强，承担了大部分工作。有将近 1/2 的东亚人体内的 $ALDH_2$ 有缺陷，不能迅速把乙醛转变为无害的乙酸。于是，这些人只要一喝酒，体内的乙醛含量就迅速升高，甚至能高达正常值的 20 倍之多。乙醛能加速心跳频率，扩张血管，于是饮酒者的脸就红了。

那么，这些人为什么更容易喝醉呢？难道说，乙醇并不是让人醉酒的主要原因？早在 20 世纪 80 年代，英国皇家学院的科学家维克多·普里迪就发现，乙醛是一种效力强大的肌肉毒素，其毒性是乙醇的 30 倍。后续的研究发现，乙醛能和蛋白质的氨基结合，形成"蛋白质加合物"。这种结合非常稳定，严重影响了蛋白质的正常功能。"很多人误以为酒精危害最大的器官是大脑和肝脏，这是不准确的。"普里迪说，"酒精的代谢产物乙醛对酗酒者肌肉

造成的伤害才是最常见的，其发生频率是肝硬化的 5 倍。"

更可怕的是，"蛋白质加合物"会改变蛋白质的外表结构，使得免疫系统误以为这是入侵的敌人而加以攻击。大约有 70% 的"酒精肝"患者体内能找到相应抗体。这些抗体对"蛋白质加合物"的持续攻击会让这些患者常年处于慢性炎症的状态。这种状态已被证实是风湿性关节炎、心脏病、阿尔兹海默氏病和癌症的诱因。

正常人血液中的乙醛含量很低，甚至很难被检测到，属于典型的"隐形杀手"。正常情况下，进入人体的乙醇会迅速在肝脏内被"乙醇脱氢酶"转化成乙醛，然后被 ALDH$_2$ 降解成乙酸，只有不到 1% 的乙醛会逃出肝脏，进入血液循环。但是，肝脏处理乙醇的速度是有限的，正常人每小时可以处理 7 克乙醇，酒量大的人这个数字可以上升到 10 克以上。一瓶"小二"（二两二锅头酒）的酒精含量大约是 50 克，正常人需要花费 7 小时才能处理完。也就是说，在这 7 小时中，饮酒者体内的所有器官都要处在乙醛的包围中。虽然绝对量不大，但累计的效果却很可观，很多喝过头的人第二天起床后仍然会感觉昏昏沉沉，英语中有个词叫做 Hangover，描述的就是这种感觉。以前人们认为这是细胞脱水，或者酒精的作用，后来发现这个说法不正确。研究发现，造成 Hangover 的最重要原因就是乙醛。

别小看乙醛的危害，越来越多的证据表明，乙醛的害处远不止上述这些。一项研究表明，ALDH$_2$ 缺损者（喝酒爱红脸的人）如果继续酗酒，他们得上消化道癌症的概率是正常人的 50 倍。乳腺癌也有可能与乙醛有关。据统计，有大约 5% 的乳腺癌病因来自酗酒。"细胞是不会遗忘的。"从事这项研究的德国海德堡大学科学家海尔穆特·赛兹说，"乙醛造成的影响会在 20～25 年后成为肿瘤的诱因。"赛兹相信，西方国家酒精消费量的逐年增加是肝癌、结肠癌和直肠癌发病率升高的原因之一。

酒精绝不是乙醛的惟一来源。乙醛带有水果般的香味，经常被用作食品添加剂。事实上，很多果酒中就加了乙醛，尤其是一种苹果烧酒，乙醛含量很高。有人做过统计，喜欢喝苹果烧酒的人患食管和口腔癌症的概率是葡萄酒爱好者的 2 倍，虽然他们喝下去的酒精是相同的。

甲苯的性质和应用

苯（Benzene，C_6H_6）是一种碳氢化合物，也是最简单的芳烃。在常温下苯为一种无色、有甜味的透明液体，并具有强烈的芳香气味。苯可燃，有毒，也是一种致癌物质。苯是一种石油化工基本原料。苯的产量和生产技术水平是一个国家石油化工工业发展水平的标志之一。甲苯则是苯的同系物，亦名"甲基苯"、"苯基甲烷"。

甲苯是有机化合物，属芳香烃，结构简式为 $C_6H_5CH_3$。甲苯是最简单、最重要的芳烃化合物之一。在空气中，甲苯只能不完全燃烧，火焰呈黄色，具有类似苯的芳香气味，沸点（常压）110.63℃，熔点-94.99℃。凝固点为-95℃，密度为 0.866 克/厘米³。甲苯温度计正是利用了它的凝固点比水银低，可以在高寒地区使

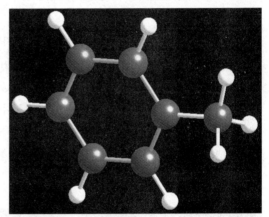

甲　苯

用；而它的沸点又比水的沸点高，可以测 110.8℃以下的温度。因此从测温范围来看，它优于水银温度计和酒精温度计。另外甲苯比较便宜，故甲苯温度计比水银温度计也便宜。

甲苯在常温常压下是一种无色透明，清澈如水的液体，对光有很强的折射作用（折射率：1.4961）。甲苯几乎不溶于水（0.52 克/升），但可以和二硫化碳、酒精、乙醚以任意比例混溶，在氯仿、丙酮和大多数其他常用有机溶剂中也有很好的溶解性。甲苯的黏性为 0.6 毫帕斯，也就是说它的黏稠性弱于水。甲苯的热值为 40.940 千焦/千克，闪点为 4 ℃，燃点为535 ℃。蒸气和空气形成爆炸性混合物，爆炸极限 1.2%～7.0%（体积）。甲苯溶解溴后，

在光照条件下，甲基上的氢原子被溴原子取代（与甲烷相似），而在铁作催化剂条件下，苯基上的氢原子被溴原子取代（与苯相似）；但甲苯分子中存在着甲基和苯基的相互影响，使得甲苯又具有不同于苯和甲烷的性质，如苯环上的取代反应（卤化、硝化等），甲苯比苯容易进行，甲苯分子中的甲基可以被酸性高锰酸钾溶液氧化。

在氧化反应中（如与酸性高锰酸钾溶液），甲苯能由苯甲醇、苯甲醛而最终被氧化为苯甲酸。甲苯主要能进行自由基取代、亲电子取代和自由基加成反应。亲核反应则较少发生。在受热或光辐射条件下，甲苯可以和某些反应物（如溴）在甲基上进行自由基取代反应。甲苯与硝酸发生取代反应生成三硝基甲苯（TNT）。

甲苯不溶于水，但溶于乙醇和苯的溶剂中。甲苯容易发生氯化，生成苯—氯甲烷或苯三氯甲烷，它们都是工业上很好的溶剂；它可以萃取溴水中的溴，但不能和溴水反应；它还容易硝化，生成对硝基甲苯或邻硝基甲苯，它们都是染料的原料；它还容易磺化，生成邻甲苯磺酸或对甲苯磺酸，它们是做染料或制糖精的原料；1 份甲苯和 3 份硝酸硝化，可得到三硝基甲苯（俗名 TNT）。甲苯的蒸汽与空气混合形成爆炸性物质，因此它可以制造梯思梯炸药。

甲苯是石油的次要成分之一。在煤焦油轻油（主要成分为苯）中，甲苯占 15% ~ 20%。我们周围环境中的甲苯主要来自重型卡车所排的尾气（因为甲苯是汽油的成分之一）。许多有机物在不完全燃烧后会产生少量甲苯，最常见的如：烟草。大气层内的甲苯和苯一样，在一段时间后会由空气中的氢氧自由基（OH ＊）

烟草种植

完全分解。

甲苯与苯的性质很相似，是工业上应用很广的原料。但其蒸汽有毒，可以通过呼吸道对人体造成危害，使用和生产时要防止它进入呼吸器官。

甲苯主要由原油经石油化工过程而制成。作为溶剂它用于油类、树脂、天然橡胶、合成橡胶、煤焦油、沥青、醋酸纤维素，也作为溶剂用于纤维素油漆和清漆以及用为照相制版、墨水的溶剂。甲苯也是有机合成，特别是氯化苯酰、苯基、糖精、三硝基甲苯和许多染料等有机合成的主要原料。它也是飞机和汽车汽油的一种成分。

甲苯具有挥发性，在环境中比较不易发生反应。由于空气的运动使其广泛分布在环境中，并且通过雨和从水表面的蒸发使其在空气和水体之间不断地再循环，最终可能因生物的和微生物的氧化而被降解。对世界上很多城市空气中的平均浓度进行汇总，结果表明甲苯浓度通常为 112.5～150 毫克/米³，这主要来自于汽油有关的排放（汽车废气、汽油加工），也来自于工业活动所造成的溶剂损失和排放。

甲苯是基本有机原料之一，大量由于提高辛烷值汽油组分和多种用途的溶剂。从甲苯中可以衍生出许多种化工原料，例如：苯、二甲苯、苯甲酸、甲苯二异氰酸脂、氯化甲苯、甲酚和对甲苯磺酸等。这些原料可进一步制造合成纤维、塑料、炸药和染料等。

甲苯也是重要的化工原料。危险特性：易燃，其蒸气与空气可形成爆炸性混合物。遇明火、高热极易燃烧爆炸。与氧化剂能发生强烈反应。流速过快，容易产生和积聚静电。其蒸气比空气重，能在较低处扩散到相当远的地方，遇明火会引着回燃。

甲苯又是燃料的重要成分。使用甲苯的工厂、加油站，汽车尾气是主要污染源。城市空气中的甲苯，主要来自于汽油有关的排放及工业活动造成的溶剂损失和排放。贮运过程中的意外事故是甲苯的又一个污染源。甲苯能被强氧化剂氧化。

甲苯为一级易燃物，其蒸气与空气的混合物具爆炸性。发生爆炸起火时，冒出黑烟，火焰沿地面扩散。进入起火现场，眼睛会流泪且与咽喉皆感刺痛、发痒，并可闻到特殊的芳香气味。

进入人体的甲苯，可迅速排出体外。甲苯易挥发，在环境中比较稳定，不易发生反应。由于空气的运动，使其广泛分布在环境中。水中的甲苯可迅速挥发至大气中。甲苯毒性小于苯，但刺激症状比苯严重，吸入会出现咽喉刺痛感、发痒和灼烧感；刺激眼黏膜，会引起流泪、发红、充血；溅在皮肤上局部会出现发红、刺痛及疱疹等。重度甲苯中毒后，或呈兴奋状：躁动不安，哭笑无常；或呈压抑状：嗜睡，木僵等，严重的会出现虚脱、昏迷。甲苯微溶于水，当倾倒入水中时，可漂浮在水面，或呈油状分布在水面，会引起鱼类及其他水生生物的死亡。受污染水体散发出苯系物特有刺鼻气味。

几种常见有机物概述

JIZHONG CHANGJIAN YOUJIWU GAISHU

塑料和玻璃是我们日常生活中经常见到的有机化合物，在生产和生活中有着广泛的应用领域，如重要的热塑性塑料聚苯乙烯无色透明，电绝缘性好，耐化学腐蚀，易于成型加工，广泛用做电器的绝缘部件和某些半导体元件。聚氯乙烯塑料是世界各地生产最多，用途最广的热塑性塑料之一，在工业、农业、国防以及日常生活中都广有应用。医用高分子材料是一类功能高分子材料，有着十分广阔的应用前景，如今，从内脏到皮肤，从血液到五官都已有人工的高分子代用品，而且，高分子药物和固定化酶、人工细胞、标记细胞等也在迅速发展中。

常见的热塑性塑料

塑料是指以树脂（或在加工过程中用单体直接聚合）为主要成分，以增塑剂、填充剂、润滑剂、着色剂等添加剂为辅助成分，在加工过程中能流动成型的材料，是合成的高分子化合物，可以自由改变形体样式。

绝缘性良好的塑料——聚苯乙烯

聚苯乙烯是一种用途较广的热塑性塑料。它的主要特点是：电绝缘性好、耐化学腐蚀、无色透明、易着色、美观，并易于成型加工。它是高频绝缘不可缺少的材料。如电视、雷达等绝缘部件，某些半导体元件，都可用它来做。化工贮酸槽、特别是贮存氢氟酸的贮酸槽，以及收音机、钟表的外壳和日用品、玩具等，都可以用聚苯乙烯制成。

挤塑聚苯乙烯保温板

聚苯乙烯塑料的用途，除了上述以外，用它制成的泡沫塑料，不仅可做隔音和包装材料，而且还有更重要的用途。这种泡沫塑料，比重特别小，只有水的 1/30 重；而与同体积的钢材比，只有钢的 1/234 重，是战备工作中的一种极其重要的材料。用它制成的救生艇，船体很轻，一个气力稍大的人就可以把它背走。用它制成的救生圈，浮力大，重量轻，安全系数高。

当然，聚苯乙烯塑料也有不足之处。缺点是：脆，容易破裂，耐热性差。为了克服这些缺点，提高它的综合性能，我国工人和技术人员在生产中进行了大量的实验，制成了增强聚苯乙烯、丁苯橡胶改性聚苯乙烯、有机玻璃改性聚苯乙烯以及丙烯腈/丁二烯/苯乙烯共聚物（ABS）等。这样，它的用途就更为广泛了。

热塑性塑料

热塑性塑料是指具有加热软化、冷却硬化特性的塑料。日常生活中使用的大部分塑料均属于这个范畴。加热时变软以至流动，冷却变硬，这种过程是可逆的，可以反复进行。根据性能特点、用途广泛性和成型技术通用性等，热塑性塑料可分为通用塑料、工程塑料、特殊塑料等。通用塑料的主要特点：用途广泛、加工方便、综合性能好。工程塑料和特殊塑料的主要特点是：高聚物的某些结构和性能特别突出，或者成型加工技术难度较大等，往往应用于专业工程或特别领域、场合。

多种用途的塑料——聚氯乙烯

聚氯乙烯塑料是大家最熟悉的一种热塑性塑料。它是当前世界各国生产最多，价格最便宜，用途最广，而且也是发展前途很大的一种塑料。

聚氯乙烯塑料具有很多优良的性能。它的主要特点是：电绝缘性好，耐酸碱，不易变形，同时容易加工制造。所以这种塑料，在工业、农业、国防以及人民生活中，都得到了广泛应用。我国有着非常丰富的自然资源，这就为发展聚氯乙烯塑料提供了很有利的条件。

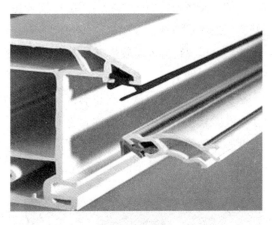

聚氯乙烯塑料

这种塑料有的硬，有的软，有的像海绵一样多孔。同是一种聚氯乙烯塑料，为什么会有这么大的差别呢？原来，聚氯乙烯本身是能硬能软的高分子物质。它之所以硬，是由于链状的聚氯乙烯高分子之间吸引力很大，彼此结合紧密，使得高分子不能自由活动。如果把一些高沸点的有机物质——增塑剂，加到聚氯乙烯中去，就能使高分子间作用力减小，活动性增强。这样，它也就变成柔软的物质了。增塑剂加得越多，高分子活动就越灵活，塑料就变得更加柔软。例如，塑料薄膜、雨衣、凉鞋等，在生产过程中，需要加入相当于聚氯乙烯树脂 1/2 以上的增塑剂，才会柔软、富有弹性。而在硬板、硬管等硬聚氯乙烯塑料制品里，就很少或者根本不加增塑剂。

◦◦◦➤ 知识点

树　脂

树脂有天然树脂和合成树脂之分。天然树脂是指由自然界中动植物分泌物所得的无定形有机物质，如松香、琥珀、虫胶等。合成树脂是指由简单有机物经化学合成或某些天然产物经化学反应而得到的树脂产物。合成树脂是塑料的主要成分。酚醛树脂、聚氯乙烯树脂等是合成树脂。实际上，树脂按照不同的分类标准，可以有不同的分法。

加入发酵粉的面团，可以蒸出松软多孔的馒头。同样，如果在聚氯乙烯塑料里加入发泡剂，就能制成多孔的泡沫塑料。如果把发泡剂加在硬质聚氯乙烯塑料里，得到的是硬质多孔泡沫塑料；把发泡剂加在软聚氯乙烯塑料里，得到的是弹性十足、柔软多孔的软质泡沫塑料。由于所用的发泡剂和发泡的方法不同，制出的泡沫塑料也有区别。有的泡沫塑料像馒头一样，里面的许多小孔是互相通气的，我们称它为开孔型泡沫塑料；有的泡沫塑料里的小孔是互不通气的，我们称它为闭孔型泡沫塑料。我们通常见到的聚氯乙烯泡沫塑料拖鞋，就是闭孔型的软质泡沫塑料。

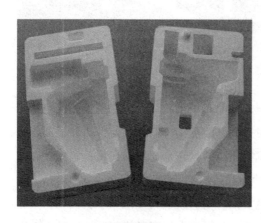

泡沫塑料

硬聚氯乙烯塑料在工业中用得较多。大家知道，一个普通钢做成的设备，当它经常和酸、碱接触，用不了多久时间，就会被腐蚀得千疮百孔，不能使用，影响了生产，浪费了钢材。如果改用硬聚氯乙烯塑料来做这种设备，不仅大大延长设备的寿命，而且价格低廉，可以节省很多资金。据统计，1 吨聚氯乙烯可以代替 3 吨钢材；用一吨聚氯乙烯制作化工设备，可以节约 3~4 吨铅。我国有许多化肥厂的硝酸吸收塔，是用硬聚氯乙烯塑料制造的，既解决了不耐腐蚀的问题，又节约了大量贵重金属和不锈钢材。硬聚氯乙烯管子可以代替有色金属管，输送腐蚀性气体或液体；用它做的自来水管，光滑轻便，容易安装，不会生锈。

在农业方面，硬聚氯乙烯塑料也有很大的用途。用它制成的水车板、输水管、棒、焊条、离心泵、通风机等，很受农民欢迎。

软聚氯乙烯塑料的用途也很多。例如，在聚氯乙烯树脂里，加入一定量的增塑剂、稳定剂和颜料等，按照一定的方法混合、造粒，就制成了电缆料；再经过热熔挤塑，使熔融的塑料均匀地包敷到金属线或电线表面，就制成了电线和电缆。这样，在电气、电讯工业中，就可以大量节约铅、橡胶和棉线。又如，用软聚氯乙烯塑料涂在棉布或玻璃布上，可以制成柔软、耐磨、不怕水泡的人造革。至于色彩鲜艳的雨衣、塑料凉鞋，花纹美丽的透明或半透明的塑料布以及手提包等，也都是软聚氯乙烯塑料制品。

透明的软聚氯乙烯塑料薄膜，在农业上可以代替温室和暖棚的玻璃。它的价格比普通玻璃便宜；质量坚固，不易被冰雹打碎，经得起强风袭击；使用方便，不用时，收藏起来还不占地方；透光率好，保温能力强。这对于育苗和栽培早熟作物，提高农作物产量，都是十分有利的。这种透明薄膜已大量用于我国农业生产中，并取得了良好的效果。

腊状塑料——聚乙烯

聚乙烯塑料也是日常生活中常见的一种热塑性塑料。它的分子结构和石蜡相似，只是分子量要大得多。它的某些性质有点像石蜡，表面似蜡状，柔软、润滑、半透明，但比石蜡要坚韧得多。

当我们走进百货商店，就可以看到橱窗里摆着各种乳白色的、半透明的塑料茶杯、塑料碗、塑料奶瓶、塑料水壶和一些包装食品、药剂用的塑料袋。这些用具，都是用无毒的聚乙烯塑料制成的。

聚乙烯塑料具有突出的电绝缘、吸水率极小的特性，可以用来制造各种高频电缆和海底电缆的绝缘层和保护层。

聚乙烯与金属相比，质轻，化学稳定性良好，耐腐蚀，对流体阻力小，并有一定的弹性。用它做成的管子具有便于安装、柔韧、容易焊接、耐压等

聚乙烯棒材

特点，可用于输送水、盐溶液、碱液、水蒸气等各种液体和气体的化学工业中。

聚乙烯塑料还具有耐晒、耐水的特点。用它做成的薄膜，可以用来建造育苗的温室；用它拉成丝，织成的渔网，既轻便，又牢固，不易烂掉。

但是，聚乙烯塑料也有它的缺点：强度较低，经不起高温，只能在80℃以下使用。同时，它具有一定的透气性，用它制成的薄膜或塑料袋，不适于包装香料和酒类饮料。

耐磨的塑料——尼龙

"尼龙"这个名称，在塑料中是很出名的。它的化学名称是聚酰胺。它是20世纪30年代出现的一种能承受负荷的热塑性塑料。尼龙的品种很多。现有的品种，有尼龙6，尼龙66，尼龙1010，尼龙610，尼龙8，尼龙9，尼龙11，以及一些共聚物（又称共聚体，两种或多种单体经共聚反应而成的产物）。

尼龙的耐磨性优于铜和一般钢材；强度和耐油性也很好。尼龙本身无臭、无味、无毒、不会霉烂。它的重量，只是同体积金属的1/7～1/10。1吨尼龙，可以代替8吨铜。它在机械加工方面，可以省去车、铣、刨、磨等工艺过程，既提高了劳动生产率，又降低了成本。

由于尼龙具备这样多的优越性能，决定了它被大量应用的可能性。用尼龙做的轴承、齿轮、滑轮、泵的叶片、输油管和绳索等，已广泛地用于国防、农业、造船、制造机车等领域里。

尼龙与人们日常生活的关系也很密切。如尼龙6（也叫做"锦纶"），它可以纯织或混纺作各种衣料，既轻便，又耐用，深受广大消费者欢迎。市面上出售的锦纶混纺华呢、凡尔丁、锦纶袜和弹力锦纶袜等，都是用锦纶或锦纶和粘胶纤维等混纺制成的。

我国尼龙的生产发展很迅速，数量不断增长，品种不断增加。其中尼龙1010，就是我国工人和技术人员，利用蓖麻油制造出来的一种新品种，已大量用于机械工业生产中。

可降解塑料的分类与应用

可降解塑料是指在生产过程中加入一定量的添加剂（如淀粉、改性淀粉或其他纤维素、光敏剂、生物降解剂等），稳定性下降，较容易在自然环境中降解的塑料。

可降解塑料

试验表明，大多数可降解塑料在一般环境中暴露 3 个月后开始变薄、失重、强度下降，逐渐裂成碎片。如果这些碎片被埋在垃圾或土壤里，则降解效果不明显。

可降解的塑料一般分为 4 大类

（1）光降解塑料。在塑料中掺入光敏剂，在日照下使塑料逐渐分解。它属于较早的一代降解塑料，其缺点是降解时间因日照和气候变化难以预测，因而无法控制。

（2）生物降解塑料。在微生物的作用下，可完全分解为低分子化合物的塑料。其特点是贮存运输方便，只要保持干燥，不需避光，应用范围广。不但可以用于农用地膜、包装袋，而且广泛用于医药领域。

（3）光/生物降解。光降解和微生物相结合的一类塑料，它同时具有光和微生物降解塑料的特点。

（4）水降解塑料。在塑料中添加吸水性物质，用完后弃于水中即能溶解掉。主要用于医药卫生用具方面（如医用手套），便于销毁和消毒处理。随着现代生物技术的发展，生物降解塑料越来越受到重视，已经成为研究开发的新一代热点。

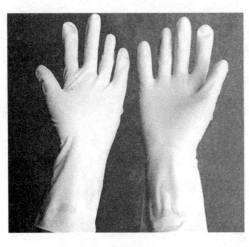

医用手套

形形色色的塑料制品极大地丰富了人们的生活，但废弃塑料在自然界里分解得很慢，完全分解要几十年，甚至上百年，因而塑料的降解和重新利用问题摆在了当今所有环境化学家面前。然而有趣的是，可降解塑料却不是科学家们研制塑料的初衷。目前科学家们正在研制或已经研制成功的可降解塑料应用范围还比较窄，仍然无法取代大众塑料。

使用可降解塑料有四个不足：①多消耗粮食；②使用可降解塑料制品仍不能完全消除"视觉污染"；③由于技术方面的原因，使用可降解塑料制品不能彻底解决对环境的"潜在危害"；④可降解塑料由于含有特殊的添加剂而难以回收重复使用。

两类主要可降解塑料

淀粉基塑料

到目前为止，淀粉基降解塑料主要有填充型、光/生物双降解型、共混型和全淀粉塑料四大类。

填充型淀粉塑料在 1973 年使 Griffin 首次获得淀粉表面改性填充塑料的专利。到 80 年代，一些国家以 Griffin 的专利为背景，开发出淀粉填充型生物降解塑料。填充型淀粉塑料又称生物破坏性塑料，其制造工艺是在通用塑料中加入一定量的淀粉和其他少量添加剂，然后加工成型，淀粉含量不超过 30%。填充型淀粉塑料技术成熟，生产工艺简单，且对现有加工设备稍加改量即可生产，因此，目前国内可降解淀粉塑料产品大多为此类型。

天然淀粉分子中含有大量羟基使其分子内和分子间形成极强的氢键，分子极性较大，而合成树脂的极性较小，为疏水性物质。因此，必须对天然淀粉进行表面处理，以提高疏水性和与高聚物的相容性。目前主要采用物理改性和化学改性两种方法。

光/生物双降解型。生物降解塑料在干旱或缺乏土壤等一些特殊区域难以降解，而光降解塑料被掩埋在土中时也不能形成降解，为此，美、日等国率先研发了一类既具光降解，又具生物降解性的光/生物双降解塑料。光/生物降解塑料由光敏剂、淀粉、合成树脂及少量助剂（增溶剂、增塑剂、交联剂等）制成，其中光敏剂是过渡金属的有机化合物或盐。其降解机理是淀粉被生物降解，使高聚物母体变疏松，增大比表面积。同时，日光、热、氧等引发光敏剂，导致高聚物断链，分子量下降。

共混型。淀粉共混塑料是淀粉与合成树脂或其他天然高分子共混而成的淀粉塑料，主要成分为淀粉（30%~60%），少量的 PE 的合成树脂，乙烯/丙烯酸（EAA）共聚物，乙烯/乙烯醇（EVOH）共聚物，聚乙烯醇（PVA），纤维素，木质素等，其特点是淀粉含量高，部分产品可完全降解。

日本研发了改性淀粉/EVOH 共聚物与 LDPE 共混、二甲基硅氧烷环氧改性处理淀粉，然后与 LDPE 共混。意大利 Novamont 公司的 Mster—Bi 塑料和美国 Warner—lambert 公司的 NoVon 系列产品也属于此类产品。Mster—Bi 塑料是连续的 EVOH 相和淀粉相的物理交联网络形成的高分子合金。由于两种成分都含有大量的羟基，产品具有亲水性，吸水后力学性能会降低，但不溶于水。

全淀粉型。将淀粉分子变构而无序化，形成具有热塑性的淀粉树脂，再加入极少量的增塑剂等助剂，就是所谓的全淀粉塑料。其中淀粉含量在 90% 以上，而加入的少量其他物质也是无毒且可以完全降解的，所以全淀粉是真正的完全降解塑料。几乎所有的塑料加工方法均可应用于加工全淀粉塑料，但传统塑料加工要求几乎无水，而全淀粉塑料的加工需要一定的水分来起增塑作用，加工时含水量以 8%~15% 为宜，且温度不能过高以免烧焦。日本住友商事公司、美国 Wanlerlambert 公司和意大利的 Ferruzzi 公司等宣称研制成功淀粉质量分数在 90%~100% 的全淀粉塑料，产品能在一年内完全生物降解而不留任何痕迹，无污染，可用于制造各种容器、薄膜和垃圾袋等。德国 Battelle 研究所用直链含量很高的改良青豌豆淀粉研制出可降解塑料，可用传统方法加工成型，作为 PVC 的替代品，在潮湿的自然环境中可完全降解。

氧化降解塑料

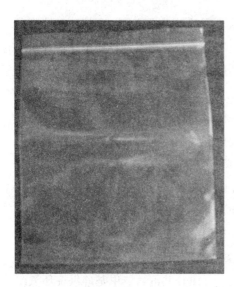

这是一项在国内还未被大多数人了解的技术，在传统的塑料生产原料中加入添加剂，与一般的色母添加方法相同。在塑料制品被遗弃后，添加剂中有两种物质起作用：①预氧化剂（主要是一些无毒金属离子），②生物降解促进物质（主要是一些天然植物纤维素）。预氧化剂控制塑料在未被遗弃时保持应有的寿命及功能，在遗弃后通过过氧化反应降低分子量，使得聚合物变脆，易于微生物分解。生物降解促进物质主要是促进微生物滋生。此项技术相对淀粉基塑料技术而言，简单易行，成本更低，一般设备就可以生产。根据相关验证，塑料的性能也得到了很好的维持，节约了粮食。英国 WELLS 公司即采用此法。

降解塑料自封袋

光敏剂

光敏剂又称增感剂、敏化剂，是指在光化学反应中，把光能转移到一些对可见光不敏感的反应物上以提高或扩大其感光性能的物质。光敏剂须满足下述条件：（1）自己能首先被光照射激活。（2）在体系中有足够的浓度，且能吸收足够量的光子。（3）必须能把自己的能量传递给反应物。光敏试剂一般是芳香族酮类和安息香醚类，如苯甲酮、安息香二甲醚等。

▌▌▌ 有机玻璃的性质和应用

我们日常生活中使用的玻璃制品有很多：窗玻璃、穿衣镜、灯泡、眼镜、茶杯、酒瓶、工艺品……

它们的共同特点是透明，可以做成各种各样的形状，还不怕腐蚀。

据说，玻璃是古代腓尼基商人偶然发现的。运载天然碱的腓尼基商船队在航行中遇到大风浪，无法继续前，只好就近抛锚，在沙滩上过夜。他们用碱块当石头，垒起炉灶，烧火做饭。当风平浪静后，他们收拾锅灶，准备扬帆起航，忽然发现沙滩上有一些闪闪发光的明珠似的东西，这就是最早的玻璃。

创意玻璃设计

有机玻璃，俗称亚克力。化学名称 Poly（methyl methacrylimide），即聚甲基丙烯酸甲酯，是由甲基丙烯酸甲酯单体 MMA 聚合而成。是一种热塑性塑料，密度 1.19 ~ 1.20，有极高的透明度，透射率高达 92% ~ 93%，可透过可见光 99%，紫外光 72%，重量仅为普通玻璃的 1/2，抗碎裂性能为普通硅玻璃的 12 ~ 18 倍，机械强度和韧性大于普通玻璃 10 倍以上，硬度相当于金属铝，具有突出的耐候性和耐老化性，在低温（ - 50 ~ 60℃）和较高温度（100℃以下）冲击下强度不变，有良好的电绝缘性能，可耐电弧，有良好的热塑加工性质，易于加工成型，有良好的机械加工性质，可用锯、钻、铣、车、刨进行加工，化学性能稳定，能经受一般的化学腐蚀，不溶于水。

有机玻璃具有十分美丽的外观，经抛光后具有水晶般的晶莹光泽，别名"塑料水晶皇后"。缺点：硬度不如钢铁、陶瓷、硅玻璃等无机产品。吸水率

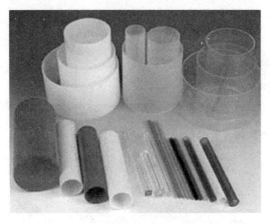

有机玻璃制品

及热膨胀等系数较大。它与普通玻璃相比有极好的透光性，能透过 92% 以上的太阳光，73% 的紫外光；而普通玻璃只能透过 0.6% 的紫外光。甚至一根弯曲的有机玻璃棒或片子，只要它的弯度不超过 48 度，光线就可沿着它拐弯，自一端射入，从另一端射出。这是普通玻璃所没有的特性。有机玻璃因其特殊的性质而被广泛应用于宾馆、酒店、体育馆、机场候机楼、候车亭、学校、户外广告灯箱等。

由于有机玻璃有这样好的透光性，所以，它的透明度很高，即使它有一米多厚，隔着它也能清晰地看到对面的东西。这样，它就成了光学仪器工业中不可缺少的材料。照相机、望远镜、眼镜、边缘发光的材料和电气零件，以及医学上使用的传送光线到口腔或喉咙里去的器具、外科传光用的玻璃仪器等，都可以用它来制作。另外，日常生活中的用品，有的也是用有机玻璃制成的。

有机玻璃虽然很轻，但比普通玻璃要坚固得多，不易破碎。在很低的温度下，它仍能保持较高的坚牢度、韧性和弹性。它又有良好的可塑性。加热以后，它可以随人们的意愿，做成各种透明的玻璃棒、管和板材。

有机玻璃这种既透明又结实的特性，使它在军事工业上有着重要的用途。飞机在高空高速飞行时，机身前部受到很大的空气阻力，同时，气温、气压又有着剧烈的变化，玻璃窗很容易破碎，给飞行带来困难。如果用有机玻璃来做飞机的玻璃窗，即使被子弹打中，也只能穿过一个小孔，不会发生破碎的现象，为飞行任务的顺利完成提供了有利条件。坦克上的瞭望孔、摩托车前的玻璃挡板，都是用有机玻璃制作的。

有机玻璃的分类

通常将有机玻璃分为下面几类：（1）有色透明有机玻璃：俗称彩板。特点是透光柔和，用它制成的灯箱、工艺品，使人感到舒适大方。有色的有机玻璃分：透明有色、半透明有色、不透明有色三种。（2）珠光有机玻璃：是在一般有机玻璃加入珠光粉或荧光粉制成。珠光有机玻璃色泽鲜艳，表面光洁度高，外形式经模具热压后，即使磨平抛光，仍保持模压花纹，形成独特的艺术效果。用它可制作人物、动物造型，商标、装饰品及宣传展览材料。（3）压花有机玻璃：分透明、半透明无色，质脆，易断，适于制作。（4）磁有机玻璃：光泽不如珠光有机玻璃鲜艳，质脆、易断，适于制作表盘、盒、医疗器械和人物、动物的造型材料。

有机肥料的特征和分类

有机肥主要指各种动植物等，经过一定时间发酵腐熟后形成的肥料（其中包括经过加工的菜籽饼，是没有异味的）。有机肥含有大量生物物质、动植物残体、排泄物、生物废物等物质。施用有机肥料不仅能为农作物提供全面营养，而且肥效长，可增加和更新土壤有机质，促进微生物繁殖，改善土壤的理化性质和生物活性，是绿色食品生产的主要养分来源。

堆肥　以各类秸秆、落叶、青草、动植物残体、人畜粪便为原料，与少量泥土混合堆积而成的一种有机肥料。

沤肥　沤肥所用原料与堆肥基本相同，只是在淹水条件下进行发酵而成。

厩肥　指猪、牛、马、羊、鸡、鸭等畜禽的粪尿与秸秆垫料堆沤制成的肥料。

沼气肥　在密封的沼气池中，有机物腐解产生沼气后的副产物，包括沼气液和残渣。

绿肥　利用栽培或野生的绿色植物体作肥料。如豆科的绿豆、蚕豆、草木樨、田菁、苜蓿、苕子等。非豆科绿肥有黑麦草、肥田萝卜、小葵子、满江红、水葫芦、水花生等。

作物秸秆　农作物秸秆是重要的有机肥之一，作物秸秆含有作物所必需的营养元素有氮、磷、钾、钙、硫等。在适宜条件下通过土壤微生物的作用，这些元素经过矿化再回到土壤中，为作物吸收利用。

饼肥　菜籽饼、棉籽饼、豆饼、芝麻饼、蓖麻饼、茶籽饼等。

泥肥　未经污染的河泥、塘泥、沟泥、港泥、湖泥等。

现在，随着科学技术的不断发展，通过有益菌群的人工培养技术，采用科学的提炼，可以生产出多种多样不同品种的生物有机肥，它能改善土质、减少环境污染、增肥增效等。生物有机肥将是未来农业生产用肥的主要发展趋势。

生物医学高分子材料的分类和应用

生物医学高分子简称医用高分子，是一类令人瞩目的功能高分子材料。它已渗入到医学和生命科学的各个领域并应用于临床的诊断与治疗。特别是直接与体液接触的或可植入体内的所谓"生物材料"，它们必须无毒，有良好的生物相容性和稳定性，有足够的机械强度，而且易于加工、消毒。

生物医学高分子材料作为生物医学材料的高分子及其复合材料，又称医用高分子材料。可来自人工合成，也可来自天然产物，除应满足一般物理、化学性能要求外，还必须满足生物相容性要求。医用高分子按性质可分为非降解型和可生物降解型。非降解型高分子包括聚乙烯、聚丙烯、聚丙烯酸酯、芳香聚酯、聚硅氧烷、聚甲醛等，要求其在生物环境中能长期保持稳定，不发生降解、交联或物理磨损等，并具有良好的物理机械性能，虽然不存在绝对稳定的聚合物，但是要求其本身和降解产物不对机体产生明显的有毒副作用，同时材料不致灾难性破坏。生物降解型高分子包括胶原、线性脂肪族聚酯、甲壳素、纤维素、聚氨基酸、聚乙烯醇、聚己内酯等，可在生态环境作用下发生结构破坏和性能蜕变，其降解产物能通过正常的新陈代谢或被机体吸收利用或被排出体外，主要用于药物释放和送达载体及非永久性植入装置。

医用高分子材料制品种类繁多。从天灵盖到脚趾骨，从内脏到皮肤，从血液到五官都已有人工的高分子代用品。与此同时，高分子药物及固定化酶、人工细胞、标记细胞、免疫吸附剂等也在迅速发展。目前全世界每年生产的医用高分子材料包括医疗用品在内多达 800 万吨，价值 30 亿美元。

生物材料是指与体液接触的异体材料，除少数金属、陶瓷和碳素外，绝大部分是橡胶、纤维、模制塑料等合成高分子材料。以它们为原材料制出的人工脏器，即具有部分或全部代替人体某一器官功能的器件，有的只需在体内短期使用，如插入器件（导液管等），有的则需在体内停留较长时间，甚至整个生命期。因此对这类材料有严格的要求：①必须无毒，而且是化学惰性的。②与人体组织和血液相容性要好，不引起刺激、炎症、致癌和过敏等反应。③有所需的物理性能（尺寸、强度、弹性、渗透性等），并能在使用期间保持其不变。④容易制备、纯化、加工和消毒。

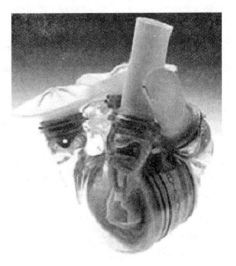

人工心脏

生物高分子材料可以粗略地分为 3 大类：软性即橡胶状聚合物、半结晶聚合物和其他有关聚合物（见下表）。医用硅橡胶是最早也是最成功的商品化医用高分子材料之一。

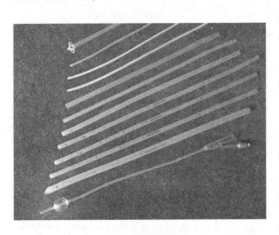

医用硅橡胶导管

主要的软性生物高分子材料

聚合物名称	主 要 用 途
硅橡胶	组织代用品,药物释放器件,黏合剂,管形材料,接触镜等
聚醚氨酯	血液泵,贮血袋,人工心脏,管形材
聚氯乙烯	管形材,贮血袋
橡胶	管形材

主要的半结晶生物高分子材料

聚合物名称	主 要 用 途
聚酯	脉管接枝物,缝线,心脏瓣膜缝合环
聚四氟乙烯	脉管接枝物,血液和氧合器膜
尼龙66	缝线,敷料
聚乙烯	人工关节,宫内节育器,药物释放器件
纤维素	肾渗析膜,药物释放器件,接触镜

其他有关聚合物

聚合物名称	主 要 用 途
聚甲基丙烯酸烷基酯	硬和软接触镜,牙科填料,骨黏固粉,眼内镜
聚甲基丙烯酸 β–羟乙酯	软接触镜,烧伤,敷料,涂药物释放基质
聚甲基丙烯酸	软接触镜组分,生物功能细珠
聚丙烯酰胺	软接触镜组分,生物电极
聚 N–乙烯基吡咯烷酮	软接触镜组分,前期代血浆扩张剂
聚氰基丙烯酸酯	组织黏合剂,血管闭合剂
聚丙烯酸锌盐	牙科黏固粉

　　上面三个表中列举的是有关主要材料的主干结构类别,事实上往往任何单一的聚合物都难以满足对生物材料的所有要求,因而又不得不采用共聚、接枝、交联以及表面化学修饰等多种手段（统称为改性）,以制成各种复合材料,使其性能尽可能满足使用的特殊需要。

知识点

复合材料

复合材料是由两种或两种以上不同性质的材料，通过物理或化学的方法，在宏观上组成具有新性能的材料。各种材料在性能上互相取长补短，产生协同效应，使复合材料的综合性能优于原组成材料且能满足各种不同的要求。复合材料的基体材料分为金属和非金属两大类。金属基体常用的有铝、镁、铜、钛及其合金。非金属基体主要有合成树脂、橡胶、陶瓷、石墨、碳等。另外，有时还需要加入增强材料以满足要求。增强材料主要有玻璃纤维、碳纤维、硼纤维、芳纶纤维、碳化硅纤维、石棉纤维、金属丝等。

有机生物污染与绿色化学兴起

多少年来，人类的生产和生活一直向环境中排放各种有害化学物质，许多威胁生物生存的有机物源源不断地进入生态系统。比如难以降解的有机污染物就有很多种，主要包括多氯联苯、二噁英和 DDT 等。它们的用途相当广泛。多氯联苯用作变压器中的冷却剂；DDT 是高效杀虫剂，而二噁英等化学物质是某些化学反应的副产品。在了解了这些化学物质对野生动物的致命威胁之后，美国和大多数发达国家在很多年以前就已严格禁止了它们的使用。遗憾的是很多第三世界国家仍然在生产和使用这些化学物质。科研人员说，这些有机污染物哪怕只

污　染

有极少量进入水源、空气和食物链，都会造成严重的问题。

有机污染物会破坏生物体的内分泌系统，使与生物有性繁殖相关的激素的功能失调。科研人员说，如果孕妇接触二噁英和多氯联苯等化学物质，哪怕是非常小的剂量，她们的婴儿也会明显地受到影响，表现为在神经肌肉和神经运动方面出现障碍。荷兰的一项研究还显示，孕妇接触二噁英和多氯联苯增多，她们体内胎儿产生的甲状腺素就相应减少，甲状腺素控制大脑和神经系统的发育以及儿童的行为，甲状腺素的量哪怕发生 1/10 亿克的变化，都会对大脑和神经系统的发育产生影响。

室内环境是我们最基本的生存环境之一，因此，其环境质量关系着我们自身的生存状态。通常我们认为，在室内种花草可以吸收空气中对健康不利的有机化合物。然而，美国的一项最新研究显示，有些室内植物会释放挥发性有机化合物。这类有机化合物是否对人体有害仍有待进一步研究。

白鹤芋

美国佐治亚大学的研究人员日前报告说，他们对四种室内植物——白鹤芋、虎尾兰、垂叶榕和槟榔树进行了观察研究，发现这些植物都会释放挥发性有机化合物，杀虫剂、土壤和制作花盆的塑料是造成植物释放有机化合物的原因。其中白鹤芋放出的最多，虎尾兰最少。此外，这些植物在白天释放的有机化合物较多，夜间较少。报告指出，已有实验显示，这些植物释放的有机化合物中的某些成分对动物健康不利。但研究人员说，为弄清这些植物释放的有机化合物是否会对人体造成伤害，他们还需进行更多的研究。

甲醛是泡沫塑料板，家具材料中各种胶合板和碎料板中使用的胶粘剂成

分，也是壁纸、塑料布、塑料制品的添加剂成分，当它们老化后由于阳光、空气、水蒸气的作用分解时就释出甲醛，可引起多种病变。曾报道在美国新建的装有绝缘材料的居民住宅里，从尿醛塑料中散发出的甲醛气体浓度很高，足以引起头晕、呕吐、皮疹和鼻出血等。

苯并芘为一强致癌物，其来源与一氧化碳、二氧化硫基本相同，它还广泛存在于飘尘及各类污垢中；据测定，在一个生炉取暖的居室中，空气中苯并芘的浓度为每立方米 11.4 纳克，比室外高 5 倍，在一个经常有人抽烟的酒店内，其含量则达 28.2～144 纳克，为一般城市空气的 50 倍。

防止各种有害化学物质，特别是威胁生物生存的有机物进入生态系统，发达国家早在多年前就开始了所谓的绿色化学生产法，美国前总统克林顿曾提出了一项名为《总统绿色化学挑战》的环保倡议，鼓励美国化学工业界和科学界做出具有实际应用意义的创新。这项总统挑战的倡议可以归纳为更干净、更有效、更巧妙，也就是在生产加工和排废的过程中争取找到对环境威胁最小的方法。绿色化学挑战鼓励的重点之一是模仿自然，用没有污染的自然方法取代危害环境的产品或生产过程。比如生产塑料需要某一种化学前体，而生成这个化学前体的传统方法要用危害环境可能导致基因突变的化学物质。

密歇根州立大学的佛罗·斯特教授发明了一种新方法：能利用不带任何毒性的葡萄糖生产出与以往用苯生产出的塑料产品。巴斯普公司发明了生产止痛药的新流程，把生产步骤减少了一半儿，从而减少了废料排放；后来公司根据这个程序专门建造了一个新的绿色制药厂。

绿色化学的概念不仅在美国生根开花，而且也传到了世界其他国家，包括加拿大、意大利、中国、澳大利亚和英国等国家。在前苏联地区，过去只考虑眼前利益的政策导致了环境污染，而现在俄罗斯化学家正从绿色化学的考虑出发，探讨如何利用工业锅炉造成的微粉尘制造出供建筑物内部装修使用的特殊材料。比如他们把微粉尘压缩，然后放入液化二氧化碳，压缩锅炉微粉尘遇到二氧化碳就会形成碳酸盐，成为制造特别结实的墙板和其他建筑材料的理想材料。锅炉微粉尘变废为宝，既有利于环境又减少了生产成本，专家说以这样的方式普及绿色化学概念实在是有百利而无一害。